火山岩油气藏的形成机制与分布规律研究丛书

火山岩
油气储层图册

朱如凯　毛治国　李峰　王京红　郭宏莉　著

科学出版社
北京

内容简介

本书在收集大量火山岩油气储层资料的基础上，介绍了国内外火山岩油气勘探历程、特点与储层研究现状，汇集了我国火山岩储层在储层岩性、储集空间、成岩作用及演化、形成控制因素等方面的最新研究成果。本书以说明叙述为主，文字简明扼要，重点放在揭示储层特征的图片部分。图片部分含岩心、偏光显微镜、扫描电镜等类型，内容丰富，具有较强的代表性、科学性和实用性。

本书可供从事油气地质勘探、开发研究人员及相关院校师生阅读参考。

图书在版编目（CIP）数据

火山岩油气储层图册 / 朱如凯等著. —北京：科学出版社，2016.3
（火山岩油气藏的形成机制与分布规律研究丛书）
ISBN 978-7-03-047922-8

Ⅰ.①火… Ⅱ.①朱… Ⅲ.① 火山岩—岩性油气藏—储集层—图集 Ⅳ.① P618.130.2-64

中国版本图书馆CIP数据核字（2016）第060289号

责任编辑：韦　沁　韩　鹏 / 责任校对：陈玉凤
责任印制：肖　兴 / 书籍设计：美光制版有限公司

科 学 出 版 社 出版
北京东黄城根北街16号
邮政编码：100717
http://www.sciencep.com

北京汇瑞嘉合文化发展有限公司 印刷
北京美光设计制版有限公司 制版
科学出版社发行　各地新华书店经销

*

2016 年 3 月第　一　版　　开本：787*1092　1/16
2021 年 4 月第二次印刷　　印张：17 1/4
字数：256 000

定价：358.00 元
（如有印装质量问题，我社负责调换）

　　2001 年以来，大庆油田有限责任公司在松辽盆地北部徐家围子凹陷深层火山岩勘探中获得高产工业气流，发现了徐深大气田，由此，打破了火山岩（火成岩）是油气勘探禁区的传统理念，揭开了在火山岩中寻找油气藏的序幕，进而在松辽、渤海湾、准噶尔、三塘湖等盆地火山岩的油气勘探中相继获得重大突破，发现一批火山岩型的油气田，展示出盆地火山岩作为油气新的储集体的巨大潜力。

　　从全球范围内看，盆地是油气藏的主要聚集地，那里不仅沉积了巨厚的沉积岩，也往往充斥着大量的火山岩，尤其在盆地发育早期（或深层），火山岩在盆地充填物中所占的比例明显增加。相对常规沉积岩而言，火山岩具有物性受埋深影响小的优点，在盆地深层其成储条件通常好于常规沉积岩，因此可以作为盆地深层勘探的重要储集类型。同时，盆地早期发育的火山岩多与快速沉降的烃源岩共生，组成有效的生储盖组合，具备成藏的有利条件。

　　但是，作为一个新的重要的勘探领域，火山岩油气藏的成藏理论和勘探路线与沉积岩石油地质理论及勘探路线有很大不同，有些还不够成熟，甚至处于启蒙阶段。缺乏理论指导和技术创新是制约火山岩油气勘探开发快速发展的主要瓶颈。为此，2009 年，国家科技部及时设立国家重点基础研究发展计划（973）项目 "火山岩油气藏的形成机制与分布规律"，把握住历史机遇，及时凝炼火山岩油气成藏的科学问题，实现理论和技术创新，这对于占领国际火山岩油气地质理论的制高点，实现火山岩油气勘探更广泛的突破，保障国家能源安全具有重要意义。大庆油田作为项目牵头单位，联合中国科学院地质与地球物理研究所、吉林大学、北京大学、中国石油天然气勘探研究院和东北石油大学等单位的专业人员，组成以冯志强、陈树民为代表的强有力的研究团队，历时五年，通过大量的野外地质调查、油田现场生产钻井资料采集和深入的测试、分析、模拟、研究，取得了一批重要的理论成果和创新认识。基本建立了火山岩油气藏成藏理论和与之配套的勘探、评价技术，拓展了火山岩油气田的勘探领域，指明火山岩油气藏的寻找方向，为开拓我国油气勘探新领域和新途径做出了重要贡献：

一是针对火山岩油气富集区的地质背景和控制因素科学问题，提出了岛弧盆地和裂谷盆地是形成火山岩油气藏的有利地质环境，明确了寻找火山岩油气藏的盆地类型；二是针对火山岩储层展布规律和成储机制的科学问题，提出了不同类型、不同时代的火山岩均有可能形成局部优质和大面积分布的致密有效储层的新认识，大大拓展了火山岩油气富集空间和发育规模，对进一步挖掘火山岩勘探潜力有重要指导意义；三是针对火山岩油气藏地球物理响应的科学问题，开展了系统的地震岩石物理规律研究，形成了火山岩重磁宏观预测、火山岩油气藏目标地震识别、火山岩油气藏测井评价和火山岩储层微观评价 4 个技术系列，有效地指导了产业部门的勘探生产实践，发现了一批油气田和远景区。

"火山岩油气藏的形成机制与分布规律"项目，是国内第一个由基层企业牵头的国家重大基础研究项目，通过各参加单位的共同努力，不仅取得一批创新性的理论和技术成果，还建立了一支以企业牵头，"产、学、研、用"相结合的创新团队，在国际火山岩油气领域形成先行优势。这种研究模式对于今后我国重大基础研究项目组织实施具有重要借鉴意义。

《火山岩油气藏的形成机制与分布规律研究丛书》的出版，系统反映了该项目的研究成果，对火山岩油气成藏理论和勘探方法进行了系统的阐述，对推动我国以火山活动为主线的油气地质理论和实践的发展，乃至能源领域的科技创新均具有重要的指导意义。

2015 年 4 月

　　火山岩广泛分布于国内外的多个含油气盆地中,是油气重要的储集岩类之一,并可形成火山岩油气藏。从 1887 年在美国加利福尼亚州的 San Juan 盆地首次发现火山岩油气藏以来,人类已历经了 120 余年的勘探历程。目前,在世界范围内已发现 300 余个火山岩油气藏或油气显示,几乎遍布各大洲。但大多数火山岩油气藏规模不大,储量很小。

　　中国火山岩油气藏于 1957 年首次在准噶尔盆地西北缘发现,至今已历经 50 余年。目前,已在渤海湾、松辽、准噶尔、二连、三塘湖等 11 个含油气盆地发现了火山岩油气藏,探明石油地质储量数亿吨,探明天然气地质储量数千亿立方米,形成了以东部松辽盆地深层、西部新疆北部两大火山岩油气区。已发现的火山岩油气藏,在地质时代上,东部主要发育在中、新生代,西部主要发育在晚古生代;在火山岩类型上,东部总体以中酸性为主,西部总体以中基性为主,但所有类型火山岩都有可能构成油气藏的储层;在油气藏类型和规模上,东部以岩性型为主,可叠合连片分布,形成大面积分布的大型油气田,如松辽深层徐家围子断陷的徐深气田、长岭断陷的长深气田;西部以地层型为主,可形成大型整装油气田,如准噶尔盆地克拉美丽大气田、西北缘大油田,三塘湖盆地牛东大油田等。

　　本书是在"国家重点基础研究发展计划"项目(2009CB219300)"火山岩油气藏的形成机制与分布规律"和国家科技重大专项"岩性地层油气藏成藏规律、关键技术及目标评价"(2011ZX05001)研究成果的基础上,组织编写的火山岩油气藏系列丛书之一。本书在收集大量火山岩油气储层资料基础上,介绍了国内外火山岩油气勘探历程、特点与储层研究现状,汇集了我国火山岩储层在储层岩性、储集空间、成岩作用及演化、形成控制因素等方面的最新研究成果,文字扼要说明叙述,重点放在揭示储层特征图片部分。图片部分含岩心、偏光显微镜、扫描电镜等类型,内容丰富,具代表性、科学性和实用性。

　　本书共 6 章,近 26 万字,图片 500 余张。第一章绪论,简要介绍了国内外火山岩油气勘探历程、特点以及储层研究现状、中国沉积盆地火山岩储层特征。

第二章火山岩储层岩石类型及成分结构、构造特征，详细介绍和描述了我国火山岩储层发育的玄武岩、安山岩、英安岩、流纹岩、粗面岩等熔岩类与集块岩、火山角砾岩、凝灰岩、熔结火山碎屑岩等火山碎屑岩类的成分、结构及构造特征。

第三章火山岩储层储集空间类型及特征，重点描述了火山岩储层孔、洞、缝的形状、大小、连通情况、储集类型等。

第四章火山岩储层成岩作用及演化特征，阐述了火山岩储层的不同成岩作用类型的成因、特征及其不同成岩阶段成岩作用对储层的影响，并就松辽盆地营城组火山岩的喷发－埋藏、新疆北部地区石炭－二叠系火山岩的喷发－风化—埋藏的成岩序列与孔隙演化进行了对比。

第五章火山岩储集空间形成控制因素，探讨了火山岩储层原生和次生储集空间形成的控制因素。原生储集空间主要受岩性、岩相和火山机构控制；次生储集空间主要受风化淋滤、地层流体、构造等因素控制。

本书由朱如凯、毛治国、李峰、王京红、郭宏莉编写完成，朱如凯、毛治国、李峰、苏玲负责统稿、校审。

本书编写过程中，得到了中国石油勘探开发研究院领导、专家的大力支持和指导，以及"火山岩油气藏的形成机制与分布规律"（2009CB219300）项目组专家和同仁多方支持和帮助，大庆油田有限责任公司、新疆油田分公司、吐哈油田分公司、塔里木油田分公司、大港油田分公司、西南油气田分公司、吉林油田分公司、辽河油田分公司提供了大量的岩心资料数据，书中引用和摘录了一些学者的著作、文献等相关内容，在此一并表示衷心的感谢。

鉴于作者水平有限，疏漏之处在所难免，敬请读者批评指正。

目 录

1

绪论

火山岩广泛分布于国内外的多个含油气盆地中，是各类沉积盆地充填系列的重要组成部分。在盆地发育早期，火山岩体积不但较大，而且多与快速沉降的烃源岩相共生，对油气勘探意义重大。喷发形成的火山岩一般发育较好的孔隙，有利于油气运移和聚集，而熔岩对油气藏能起到很好的封存和保护作用。火山活动中高温的岩浆、热液与烃源岩长期直接接触，一方面，火山岩异常热效应加速了有机质热演化，使其在短期内经历异常高温而成熟或过成熟；另一方面，有机质早熟可以使油气早期充填火山岩储层，抑制其他矿物充填，从而有利于原生储集空间的保存。在烃源岩成熟阶段，与火山岩相邻的暗色泥岩会产生大量的有机酸性水，沿层间断裂、裂缝渗入火山岩，发生溶蚀作用，产生溶蚀孔、缝，改善火山岩储集性能。在后期埋藏阶段，相对常规沉积岩而言，火山岩具有物性受埋深影响小的优点；在盆地深层，其成储条件通常好于常规沉积岩，可以作为盆地深层勘探的重要目的层。

第一节　火山岩油气勘探历程与特点

一、国外火山岩油气勘探历程与特点

火山岩是油气的重要储集岩类之一，并可形成火山岩油气藏。从 1887 年在美国加利福尼亚州的 San Juan 盆地首次发现火山岩油气藏以来（Lewis，1932），已历经 120 余年的勘探历程，目前在世界范围内发现了 300 余个火山岩油气藏或油气显示（图 1-1），其中有探明储量的火山岩油气藏共 169 个，油气显示 65 个，油苗 102 个，几乎遍布各大洲。但大多数火山岩油气藏规模不大，储量很小。

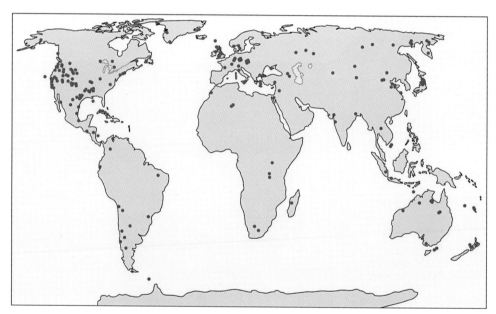

图 1-1　全球与火成岩有关的油气分布（据 Schutter，2003，修改）

油气藏 169 个，油气显示 65 个，油苗 102 个

1. 国外火山岩油气藏勘探与研究阶段划分

（1）第一阶段（20 世纪 50 年代以前）。大多数火山岩油气藏都是在勘探其他浅层油藏时偶然发现的，人们认为它不会有任何经济价值，因此未进行评价研究。

（2）第二阶段（20 世纪 50 年代初至 20 世纪 60 年代末）。人们开始认识到在火山岩中聚集石油并非异常现象，从而引起了一定的重视，在局部地区有目的地进行了火山岩油气藏的勘探。1953 年，委内瑞拉发现了拉帕斯油田，其最高单井产量达到 1828m³/d，这是世界上第一个有目的的勘探并获得成功的火山岩油田。这一发现标志着对火山岩油藏的认识进入了一个新的阶段。

（3）第三阶段（20世纪70年代至今）。随着一些火山岩油田的不断发现以及对其地质、开发特征的深入研究，世界范围内广泛开展了火山岩油气藏的勘探。在美国、墨西哥、古巴、委内瑞拉、阿根廷、苏联、日本、印度尼西亚、越南等国家已发现了多个火山岩油气藏（田），其中较为著名的有美国亚利桑那州的比聂郝－比肯亚火山岩油气藏，格鲁吉亚的萨姆戈里－帕塔尔祖里凝灰岩油藏，阿塞拜疆的穆拉哈雷喷发岩（安山岩、玄武岩）油藏，印度尼西亚贾蒂巴朗安山岩油藏，日本的吉井－东柏崎流纹岩油气藏，越南南部浅海区的花岗岩白虎油气藏等。

2. 国外火山岩油气藏勘探研究特点

（1）国外火山岩油气藏勘探、研究程度总体较低。勘探虽然历史很长，发现了众多油气藏，也有大油、气田，但多为偶然发现或局部勘探，未作为主要领域进行全面勘探和深入研究，因此火山岩油气藏勘探程度总体较低，发现的油气藏总体也较少，目前全球火山岩油气藏探明的油气储量仅占总量的1%左右。同时火山岩油气藏研究程度也很低。

（2）国外火山岩油气藏储层以中新生界为主，时代较新，以中基性火山岩为主，主要分布在被动大陆边缘。从已发现的火山岩油气藏储层时代统计，新近系、古近系、白垩系发现的火山岩油气藏数量多，而侏罗系及以前的地层中发现的火山岩油气藏较少。勘探深度一般从几百米到2000m左右，3000m以下发现较少。

从已发现的火山岩油气藏分布看，环太平洋是火山岩油气藏分布的主要地区。从北美的美国、墨西哥、古巴到南美的委内瑞拉、巴西、阿根廷，再到亚洲的中国、日本、印度尼西亚，总体呈环带状展布；其次是中亚地区，目前在格鲁吉亚、阿塞拜疆、乌克兰、俄罗斯、罗马尼亚、前南斯拉夫、匈牙利等国家都发现了火山岩油气藏。非洲大陆周缘也发现了一些火山岩油气藏，如北非的埃及、利比亚、摩洛哥到中非的安哥拉，均已发现火山岩油气藏。

从火山岩油气藏是处的含油气盆地构造背景分析，以被动大陆边缘为主，也有陆内裂谷盆地。如北美、南美、非洲发现的火山岩油气藏，主要分布在被动大陆边缘环境。

从火山岩油气藏储层岩石类型分析，以中基性玄武岩、安山岩为主；储集层空间以原生或次生孔隙型为主，但普遍发育各种成因的裂缝对改善储层起到了决定性作用。

（3）火山岩油气藏规模一般较小，也有大油田、大气田，可高产。通过对已有公开文献的调研，国外火山岩油气藏规模一般较小，但也有大油田、大气田，火山岩油气藏可高产。

表1-1列举了国外较大的11个火山岩油气田的储量规模，可采储量均在2000万吨油当量以上。其中最大油田为印度尼西亚爪哇西北部（NW Java）盆地的Jatibarang油气田，石油可采储量为$1.64×10^8t$，最大气田为澳大利亚Browse盆地的Scott Reef油气田，天然气可采储量$3877×10^8m^3$。表1-2统计了国外12个火山岩油气田产量，其中最高石油日产量为北古巴（North

Cuba）盆地的 Cristales 油田，石油日产量高达 3425t；气最高日产量为日本 Niigata 盆地 Yoshii-Kashiwazaki 气田，天然气日产量高达 $50 \times 10^4 m^3$。

表 1-1　全球火山岩大油气田储量统计表

国家	油气田	盆地	流体性质	储量	储层岩性
澳大利亚	Scott Reef	Browse	气	$3877 \times 10^8 m^3$、$1795 \times 10^4 t$	溢流玄武岩
印度尼西亚	Jatibarang	NW Java	油、气	$1.64 \times 10^8 t$、$764 \times 10^8 m^3$	玄武岩、凝灰岩
纳米比亚	Kudu	Orange	气	$849 \times 10^8 m^3$	玄武岩
巴西	Urucu area	Solimoes	油、气	$1685 \times 10^4 t$、$330 \times 10^8 m^3$	辉绿岩岩床
刚果	Lake Kivu	—	气	$498 \times 10^8 m^3$	—
美国	Richland	Monroe Uplift	气	$399 \times 10^8 m^3$	凝灰岩
阿尔及利亚	Ben Khalala	Triassic/Oued Mya	油	大于 $3400 \times 10^4 t$	玄武岩
阿尔及利亚	Haoud Berkaoui	Triassic/Oued Mya	油	大于 $3400 \times 10^4 t$	玄武岩
俄罗斯	Yaraktin	Markovo-Angara Arch	油	$2877 \times 10^4 t$	玄武岩、辉绿岩
格鲁吉亚	Samgori	—	油	$> 2260 \times 10^4 t$	凝灰岩
意大利	Ragusa	Ibleo	油	$2192 \times 10^4 t$	辉长岩岩床

表 1-2　全球火山岩油气田产量统计表

国家	油气田名称	盆地	流体性质	产量	储层岩性
古巴	Cristales	North Cuba	油	3425t/d	玄武质、凝灰岩
巴西	Igarape Cuia	Amazonas	油	68~3425t/d	辉绿岩
越南	15-2-RD 1X	Cuu Long	油	1370t/d	蚀变花岗岩
阿根廷	YPF Palmar Largo	Noroeste	油、气	550t/d、$3.4 \times 10^4 m^3$/d	气孔玄武岩
格鲁吉亚	Samgori		油	411t/d	凝灰岩
美国	West Rozel	North Basin	油	296t/d	玄武岩、集块岩
委内瑞拉	Totumo	Maracaibo	油	288t/d	火山岩
阿根廷	Vega Grande	Neuquen	油、气	224t/d、$1.1 \times 10^4 m^3$/d	裂缝安山岩
新西兰	Kora	Taranaki	油	160t/d	安山凝灰岩

续表

国家	油气田名称	盆地	流体性质	产量	储层岩性
日本	Yoshii-Kashiwazaki	Niigata	气	$49.5 \times 10^4 m^3/d$	流纹岩
巴西	Barra Bonita	Parana	气	$19.98 \times 10^4 m^3/d$	溢流玄武岩、辉绿岩
澳大利亚	Scotia	Bowen-Surat	气	$17.8 \times 10^4 m^3/d$	碎裂安山岩

二、国内火山岩油气勘探历程与特点

1. 勘探历程

中国火山岩油气藏于1957年首次在准噶尔盆地西北缘发现，已历经50余年，目前已在渤海湾、松辽、准噶尔、二连、三塘湖等11个含油气盆地发现了火山岩油气藏（表1-3）。从中国火山岩油气勘探历程分析，大约经历了三个阶段。即偶然发现阶段、局部勘探阶段和全面勘探阶段。而每一个勘探阶段的进展均与认识程度的提高和勘探技术的进步密不可分。

1）偶然发现阶段

该阶段大致从20世纪50年代至1980年，火山岩油气藏的偶然发现主要集中在准噶尔盆地西北缘和渤海湾盆地辽河、济阳等拗陷。

表1-3　中国主要火山岩油气藏统计表

盆地	次级构造单元	地层时代	油气藏	岩性	孔隙度/%	渗透率/$10^{-3}\mu m^2$
松辽盆地	徐家围子断陷	营城组（K_1y）	气藏	流纹岩为主，夹有玄武岩、火山角砾岩	1.9~10.8	0.01~0.87
	齐家-古龙凹陷	青山口组（K）	气藏	中酸性火山角砾岩、凝灰岩	22.1	136
	长岭断陷	火石岭组（J_3h）	气藏	安山岩为主	5.47~10	0.55~22
海拉尔盆地		兴安岭群（J_3x）	油藏	火山碎屑岩、流纹斑岩、粗面岩、凝灰岩、安山岩、玄武岩	13.68	6.6
		布达特群（T_3b）	油藏	蚀变中基性火山岩	5.0	0.03
二连盆地		兴安岭群（J_3x）	油藏	玄武岩、安山岩	3.57~12.7	1~214

续表

盆地	次级构造单元	地层时代	油气藏	岩性	孔隙度/%	渗透率/$10^{-3}\mu m^2$
渤海湾盆地	东营凹陷	馆陶组（N_1g）	油气藏	橄榄玄武岩	25	80
		沙一段（E_3s^1）	油气藏	玄武岩、安山玄武岩、火山角砾岩	25.5	7.4
	惠民凹陷	馆陶组（N_1g）	油气藏	橄榄玄武岩	25	80
		沙三段（E_2s^3）	油气藏	橄榄玄武岩	10.1	13.2
	黄骅拗陷	东营组沙（E_3d）	油藏	玄武岩、安山玄武岩	10	1~10
	沾化凹陷	沙一段（E_3s^1）	油气藏	玄武质火山岩	气泡含量40%~70%、0.03~0.1mm	
		沙四段（E_2s^4）	油气藏	玄武岩、安山玄武岩、火山角砾岩	25.2	18.7
	辽河东部凹陷	沙三段（E_2s^3）	油藏	玄武岩、安山玄武岩	20.3~24.9	1~16
	潍北凹陷	孔店组（$E_{1-2}k$）	油气藏	玄武岩、凝灰岩	20.8	90
	冀中拗陷	芦沟桥组（K）		火山角砾岩、凝灰质砂砾岩	6口井见油斑或原油	
		辛庄组（J）		安山岩、凝灰岩、玄武岩、角砾岩	2口井见油斑及荧光	
江汉盆地	江陵凹陷	新沟咀组（E_2x）、荆沙组（E_2j）	油藏	灰黑、灰绿色玄武岩	18~22.6	3.7~8.4
苏北盆地	高邮凹陷	盐成群（N_1y）	油气藏	灰黑、灰绿色玄武岩	20	37
		三垛组（E_3s）	油气藏	玄武岩	22	19
银根盆地		苏红图组（K_1s）	油气藏	玄武岩、安山岩、火山角砾岩、凝灰岩	17.9	111
四川盆地		二叠系（P_2）		玄武岩	5.9~20	
三塘湖盆地		条湖组（P_2t）、卡拉岗组（C_2k）、哈尔加乌组（C_2h）	油藏	玄武岩、安山岩、沉凝灰岩	2.7~13.3	0.01~17
准噶尔盆地		二叠系（P）石炭系（C）	气藏	玄武岩、安山岩、凝灰岩、火山角砾岩	4.2~16.8	0.03~153
塔里木盆地		二叠系（P）		英安岩、玄武岩、火山角砾岩、凝灰岩	0.8~19.4	0.01~10.5

2）局部勘探阶段

该阶段大致从 1980 年开始，直至 2002 年之前，随着地质认识的不断提高勘探技术的不断进步，在渤海湾和准噶尔等盆地个别地区进行了有目的的针对性勘探。

3）全面勘探阶段

2002 年以来，随着对火山岩油气藏勘探领域认识的提高和勘探技术的进步，在渤海湾、松辽、准噶尔、三塘湖等盆地全面开展火山岩油气藏勘探，取得了重大进展和突破，储量出现跨越式增长，使之成为我国油气勘探的一个重要领域。

2. 主要勘探成果与勘探特点

1）主要勘探成果

我国已在 11 个含油气盆地发现了火山岩油气藏：历经 50 年勘探，我国已在松辽、渤海湾、准噶尔、三塘湖等 11 个含油气盆地发现了数十个火山岩油气藏。至 2015 年底，中国已在火山岩中探明石油地质储量数亿吨，探明天然气地质储量数千亿立方米（图 1-2）。

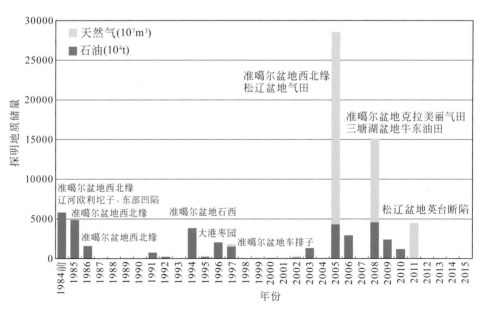

图 1-2 中石油探区火山岩油气储量增长直方图

我国初步形成了两大火山岩油气区 2002 年以来，我国加大了火山岩油气藏的整体部署和勘探力度，取得了一系列重大发现，东部松辽盆地深层、西部新疆北部地区两大火山岩油气区已初具规模。

2）主要勘探特点

中国已把火山岩油气藏作为重要新领域进行全面勘探：20 世纪 80 年代至 20 世纪 90 年代，我国相继在准噶尔、渤海湾、苏北等盆地，发现了一些火山岩油气藏，如准噶尔盆地西北缘克拉玛依玄武岩油气藏、内蒙古二连盆地的阿北安山岩油气藏、渤海湾盆地黄骅坳陷风化店中生界安山岩油气藏和枣北沙三段玄武岩油气藏、济阳坳陷的商 741 辉绿岩油气藏等。21 世纪以来，我国加强了火山岩油气藏的勘探，勘探领域不断扩展，又相继在松辽盆地深层、准噶尔、三塘湖盆地石炭系发现了一批规模油气藏，带动了该领域的大规模勘探，使其成为我国目前一个重要的勘探领域。特别是在松辽盆地深层徐家围子断陷、长岭断陷分别发现了火山岩大气田，在新疆北部地区发现克拉美丽大气田、牛东大油田，使松辽盆地深层和新疆北部地区石炭系成为以火山岩储层为主的我国第五和第六大天然气区。

不同时代、不同类型盆地、各类火山岩均可形成火山岩油气藏。通过对我国已发现火山岩油气藏分析，在盆地类型上，火山岩油气藏可以发育在陆内陆相裂谷盆地内，如渤海湾、松辽等盆地，也可以形成于陆相、海陆过渡相及海相碰撞造山期后伸展裂谷和残留洋盆地，如准噶尔盆地陆东五彩湾、西北缘、三塘湖等地区。火山岩油气藏主要形成于裂谷盆地，揭示了火山岩与湖相、海陆过渡相、海相烃源岩构成近源组合是火山岩成藏的关键。在地质时代上，东部主要发育在中、新生代，西部主要发育在晚古生代；在火山岩类型上，东部总体以中酸性为主，西部总体以中基性为主，但所有类型火山岩都有可能构成油气藏的储层；在油气藏类型和规模上，东部以岩性型为主，可叠合连片分布，形成大面积分布的大型油气田，如松辽深层徐家围子断陷的徐深气田、长岭断陷的长深气田；西部以地层型为主，可形成大型整装油气田，如准噶尔盆地克拉美丽大气田、西北缘大油田，三塘湖盆地牛东大油田等。

基本形成了火山岩地震储层预测与目标描述、大型压裂等勘探配套技术：近年来火山岩油气藏的勘探能够取得大的进展，还得益于勘探技术的显著提高。"十五"以来，中国石油天然气集团公司组织专项攻关，初步形成了针对火山岩油气藏的勘探技术系列，如高精度重磁电与三维地震为主的火山岩分布、储层预测、目标描述与评价技术，识别岩性、评价储层和含油气性的特殊测井技术，欠平衡钻井技术和大型压裂测试技术等。

第二节　中国沉积盆地火山岩与油气勘探

我国火山岩分布面积广，总面积达 $215.7 \times 10^4 km^2$，预测有利勘探面积为 $39 \times 10^4 km^2$。目前已在松辽、渤海湾、海拉尔、二连、苏北、准噶尔、三塘湖、塔里木及四川等诸多盆地发现了火山岩油气藏，累计探明储量已达数亿吨油和数千亿立方米天然气，几乎所有的含油气盆地内都有不同程度的火山岩油气发现和开发。

一、中国沉积盆地火山岩

1. 火山喷发特点

中国火山岩分布广泛，有两种类型：海相和陆相，其中陆上又可以分为水上和水下两种。海相火山岩主要分布于三叠纪之前地层中，陆相火山岩多分布于三叠纪以后地层中。

中国陆上含油气盆地火山喷发以中心式为主，部分发育裂隙式；中心式喷发以火山碎屑流式爆发为最强，其次是空落式岩浆爆发，喷溢活动仅是少量的。

松辽盆地营城组火山岩以中心式喷发为主，由火山碎屑岩及熔岩构成，且火山角砾和火山灰含量多，形成大小不等的火山锥，整体上又受区域大断裂控制而呈串珠状平面分布；火石岭组发育有裂隙式喷发，横向上分布范围广，厚度变化相对较均匀，多发育层火山机构，火山岩相以喷溢相为主。

二连盆地中生代火山活动属于陆相喷发。早、中侏罗世沉积后，随着席卷中国东部的燕山运动的加剧，地壳发生强烈断陷，沿着北东、北北东向断裂或在两组断裂交汇处，岩浆呈裂隙式、裂隙-中心式喷发或漫溢。晚侏罗世兴安岭群火山岩，自下而上由酸性、中基性和酸性火山熔岩、凝灰岩组成，为裂隙式喷发；早白垩世巴彦花群的阿尔善组见有玄武岩、玄武安山岩和凝灰岩，为裂隙-中心式喷发；晚白垩世早期也有中基性岩浆喷出，为裂隙式喷发。新生代火山喷发，主要发生在喜马拉雅运动幕，新近纪宝格达乌拉组灰黑、灰褐色玄武岩，为裂隙式喷发，第四纪更新世阿巴嘎玄武岩为中心式间歇喷发。

渤海湾盆地发育中生代（侏罗纪—白垩纪）和新生代两个裂陷旋回，构成了两个大规模的火山活动旋回。中生代火山旋回以中酸性的碱性-偏碱性火山熔岩-火山碎屑岩为主；可分为两期，侏罗纪火山活动以形成安山岩为特征，白垩纪火山活动以形成流纹岩为特征；主要分布在盆地东部（包括辽河拗陷、渤海海域），在黄骅拗陷、冀中拗陷和济阳拗陷也有少量分布；多呈北东东向展布，中部地区呈北西向展布，与渤海湾盆地中生代断裂的走向一致，反映了火山活动以裂隙式喷发为主的特征。新生代火山旋回以中基性岩为主，可分为四期：古近纪沙四期—孔店期大断裂的剧烈活动，形成了沿其裂隙式喷发而广泛分布的火成岩，多呈北北东向展布，岩性主要为以中基性为主的玄武岩和辉绿岩等侵入岩，主要分布在辽河拗陷、冀中拗陷、昌潍拗陷、济阳拗陷东南部、东濮凹陷东南部和黄骅拗陷的孔店构造带；沙三期块断作用强烈，火山活动活跃，既有火山喷发作用，又有侵入作用，岩性主要为玄武岩、辉绿岩、粗面岩和粗面斑岩；沙二期—东营期构造活动减弱，火山岩局限分布，岩性以玄武岩为主，主要分布在渤中拗陷、黄骅拗陷东北部、济阳拗陷东北部及辽河拗陷；新近纪盆地进入拗陷发展阶段，火山活动明显减弱，岩性为玄武岩，主要发育在济阳拗陷、黄骅拗陷，馆陶期以裂隙式喷发为主，部分地区大面积分布，明化镇期为中心式喷发，呈零星分布。

苏北盆地高邮凹陷闵桥火山岩属陆上中心式喷溢而成，后期为陆上喷发，流入水中，在水下堆积形成，离火山口越近火山岩厚度越大；喷发期次单一，火山机构完整，沿基底断裂呈东西向分布，主要发育于古近系阜宁组，三垛组次之。

江汉盆地在白垩纪至古近纪期间火山岩以水下喷发为主，但江陵凹陷金家场等构造高部位发育陆上喷发的火山岩；主要分布在盆地西部江陵凹陷和潜江凹陷西斜坡，纵向分布于白垩系渔阳组至古近系潜江组；岩性主要为基性玄武岩及火山碎屑岩。

三塘湖盆地石炭-二叠系火山岩既有中心式喷发，也有裂隙式喷发；不同组段火山岩喷发环境也存在差异，卡拉岗组主要为陆上喷发，哈尔加乌组整体表现为水下喷发沉积的特征；岩性以中基性的玄武岩、安山岩为主，火山碎屑岩也较发育。

塔里木盆地塔河地区二叠纪火山活动具有间歇性喷发特征，以喷溢时间较长的缓慢溢流与短时的迅速喷发交替进行为特点。喷发方式以较宁静的溢流式喷发为主，间或伴随较强烈的爆发式喷发，形成从玄武岩到英安岩或单一英安岩的火山喷发旋回。

准噶尔盆地西北缘石炭系下部为火山角砾岩，中部火山岩，上部砂砾岩，火山喷发为裂缝-中心式。准噶尔盆地腹部石西地区广泛分布的角砾熔岩，褐、红褐色火山岩所占的比率高，为陆上特别是喷发时遇大气降水或浅水下喷发；东部五彩湾凹陷基底以晚古生代石炭系火山岩（熔岩与火山碎屑岩交替出现）为主，颜色总体较深，多为灰绿色，很少角砾熔岩、熔结角砾岩，夹薄层泥岩、砂岩，沉积岩层中含海相化石，属陆表海沉积环境，火山活动总体表现为下石炭统相对较弱，上石炭统相对强烈的特征，呈大陆间歇性火山喷发作用特征，属陆表海火山-沉积环境，以深水下喷发为特点，火山岩在水体深部喷发；从西向东火山岩喷发环境有自水上向水下转换的趋势。

2. 火山岩岩石类型

中国含油气盆地火山岩储集层岩石类型多，其中，熔岩类主要有玄武岩、安山岩、英安岩、流纹岩、粗面岩等；火山碎屑岩类主要包括集块岩、火山角砾岩、凝灰岩、熔结火山碎屑岩等。东部中生代火山岩储层集中形成于晚侏罗世至早白垩世，岩性从基性到酸性均有发育，但以酸性为主；东部新生代火山岩储层主要有江汉盆地的江陵凹陷火山岩储层、济阳拗陷的火山岩储层以及下辽河拗陷东部凹陷的火山岩储层，岩性从酸性到基性均有发育，但以中基性岩居多。西部盆地火山岩以中基性为主。

海拉尔盆地白垩系兴安岭群自下而上可分为三段：下部为中酸性火山岩段，主要为一套中酸性熔岩、火山碎屑岩、灰黄色流纹斑岩、粗面岩、灰绿色凝灰岩；中酸性火山岩段的上部是假整合其上的中酸性火山岩夹煤层段，岩性为灰紫色安山岩、安山玄武岩夹煤层，此层厚度为0~1.5m；中基性火山岩段位于兴安岭群最上部，岩性为厚层黑、灰黑玄武岩，夹薄层黑色泥岩。

松辽盆地火山岩岩石类型多样，以中基性到酸性为主，主要有12种，即流纹岩、安山岩、英安岩、玄武岩、玄武安山岩、粗安岩、流纹质角砾凝灰岩、流纹质火山角砾岩、英安质火山角砾岩、玄武安山质火山角砾岩、安山质晶屑凝灰岩、沉火山角砾岩（图1-3）。其中，厚度频率最大的是流纹岩，占70.46%；其次是安山岩和英安岩，分别占6.15%和5.42%；玄武岩占3.43%；粗安岩占3.04%；流纹质角砾凝灰岩占2.80%；英安质火山角砾岩占2.72%；玄武安山岩占1.73%；流纹质火山角砾岩和玄武安山质火山角砾岩都占1.49%；安山质晶屑凝灰岩占0.86%，沉火山角砾岩占0.40%。其中，中酸性火山岩占样品总数的86%，基性火山岩占样品总数的14%。

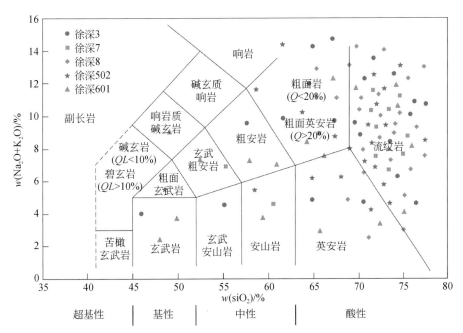

图1-3 松辽盆地深层火山岩TAS图（据大庆油田，2007年）
（分类据国际地质科学联合会IUGS火成岩分类学分委会推荐，1989年）

二连盆地主要发育有自碎角砾状安山岩、气孔状﹣杏仁状熔岩、块状熔岩、凝灰岩、角砾岩和集块岩。

银根盆地查干凹陷火山岩主要为中基性玄武、粗安岩及安山岩，少量凝灰岩、熔结角砾岩和辉绿岩。

渤海湾盆地主要为玄武岩、粗面岩、辉绿岩。如辽河盆地中、新生界火山岩以玄武岩-安山岩和粗安岩-粗面岩组合出现，包括粗面岩、粗安岩、粗面玄武岩、玄武岩、玄武安山岩和安山岩等类型。其中，中生界火山岩以安山岩为主，古近系火山岩以玄武岩和粗面岩为主。冀中拗陷侏罗系为暗紫红、灰色安山岩为主夹凝灰岩，顶部为玄武岩、安山质角砾岩、火山碎屑砂岩；白垩系下部为杂色火山角砾岩，上部为灰色凝灰质砂砾岩、砂岩、安山质角砾岩。东营凹陷广泛发育有基性火山岩、次火山岩及火山碎屑岩。主要岩石类型为橄榄玄武岩、玄武岩、玄武玢岩、凝灰岩和火山角砾岩等。黄骅拗陷风化店地区火山岩主要为碱流岩、英安流纹岩、流纹岩和流纹英安岩。南堡凹陷主要为基性火山碎屑岩、中性火山碎屑岩和玄武岩。

苏北盆地高邮凹陷火山岩主要为灰黑、灰绿、灰紫色玄武岩，火山碎屑岩也有发育。

江汉盆地白垩系—古近系火山岩主要为基性岩，岩石类型主要是石英拉斑玄武岩、橄榄拉斑玄武岩、玄武玢岩（次玄武岩），次要的有辉绿岩和火山碎屑岩。

四川盆地二叠系火山岩主要为斜长玄武岩、凝灰岩、凝灰质角砾岩等。

塔里木盆地二叠系火山岩岩石类型较简单，熔岩类包括玄武岩和英安岩，主要以英安岩为主，英安岩占火山岩总厚度的80.3%，其次包括角砾英安岩和少量角砾玄武岩、角砾状凝灰质英安岩、角砾状凝灰质玄武岩、凝灰质角砾岩和火山碎屑角砾岩、晶屑玻屑凝灰岩、晶屑岩屑凝灰岩和晶屑凝灰岩、沉凝灰岩和沉火山角砾岩、少量含砾凝灰质泥岩、含砾凝灰质粉砂岩。

新疆北部地区石炭系火山岩以中基性为主，主要为玄武岩、玄武质安山岩、安山岩；同时发育少量的酸性流纹岩，以中低钾为特征（图1-4）。火山岩的岩石类型以熔岩为主，其次为火山碎屑熔岩、火山碎屑岩以及沉火山岩。准噶尔盆地陆东-五彩湾地区主要有玄武岩、安山岩、英安岩、流纹岩、火山角砾岩、凝灰岩等。西北缘地区石炭系岩性主要为安山岩、玄武岩、安玄岩、火山角砾岩、凝灰角砾岩、熔结角砾岩、凝灰岩、集块岩等。三塘湖盆地石炭系火山岩主要类型有玄武岩、安山岩、英安岩、流纹岩、凝灰岩、火山角砾岩，以及辉绿（玢）岩和辉长岩等。

3. 沉积盆地内火山岩分布

中国大陆长期位于西伯利亚、环太平洋和特提斯三大构造域交接与相互作用的重要构造位置，并受控于原特提斯、古特提斯、新特提斯构造演化的制约，以及太平洋板块俯冲作用的叠加改造，岩浆活动频繁，并形成分布广泛的火成岩。

我国各含油气盆地中均不同程度地发育火山岩（图1-5）。自新元古代以来，主要经历了古生代海西期、中生代燕山期与新生代喜马拉雅期三期岩浆活动高峰期，在后期岩浆活动与构

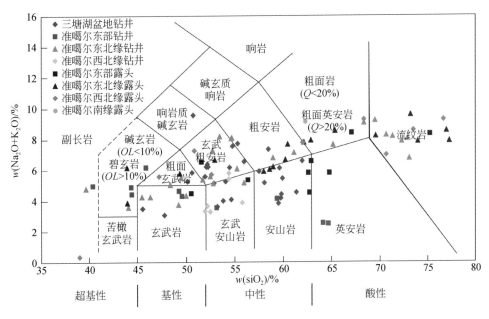

图 1-4　新疆北部地区石炭系火山岩 TAS 图解
（分类据国际地质科学联合会 IUGS 火成岩分类学分委会推荐，1989 年）

造运动的改造叠加下，总体形成了古生界火山岩盆地群，中生界火山岩盆地群与新生界火山岩盆地群，火山岩分布层位多，其中西部以石炭－二叠系为主，东部火山岩层位主要是侏罗－白垩系、古近系，分布总面积达 $39 \times 10^4 km^2$（图 1-6～图 1-8）。

　　全国含油气盆地内火山岩发育在不同的区域构造背景下，具有关联又各具特性，表现出西部古生界火山岩以中、基性为主，而东部中、新生代火山岩以中酸性为主，并且含油气盆地内火山岩均形成与伸展作用有关的陆内裂谷背景。

二、中国东西部火山岩储层特征对比

　　在地质历史上，中国是一个多火山的国家，不同时代的火山岩广泛发育，海相和海陆相交互相火山岩多出现于三叠纪以前，主要分布于西部，构造运动导致风化作用强，发育风化壳型储层，以大型地层油气藏为主；陆相火山岩多出现于三叠纪以后，主要分布于东部，构造作用弱，形成原生型火山岩储层，以岩性油气藏为主。中国火山岩的种类繁多，包括铁镁质、酸性、碱性火山岩等，其中以中、酸性岩类分布最广。古生代火山岩与中、新生代火山岩有明显区别（表 1-4）。

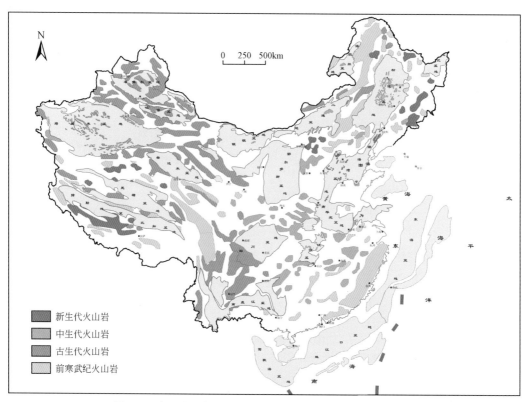

图 1-5 中国含油气盆地火山岩分布图 (据邹才能等，2008)

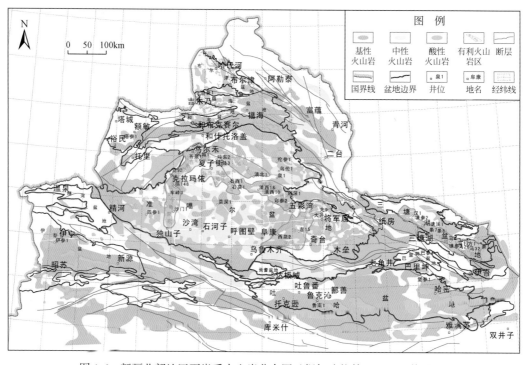

图 1-6 新疆北部地区石炭系火山岩分布图（据邹才能等，2012，修改）

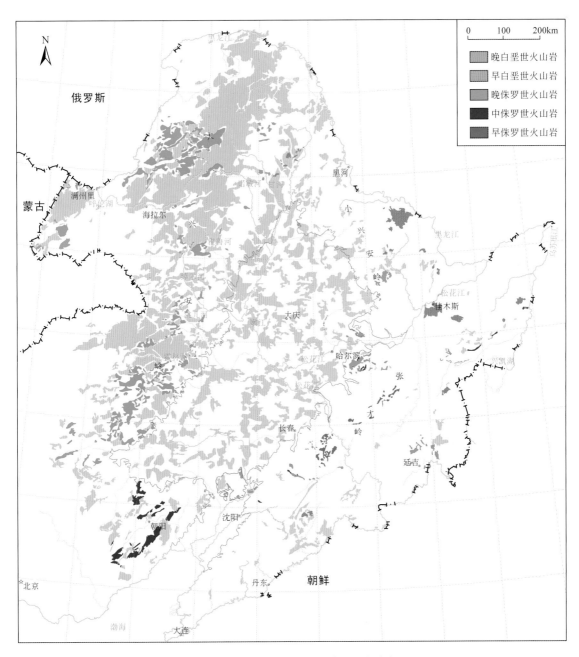

图 1-7　中国东北地区晚中生代火山岩分布图
［据火山岩油气藏的形成机制与分布规律（2009CB219300）项目组］

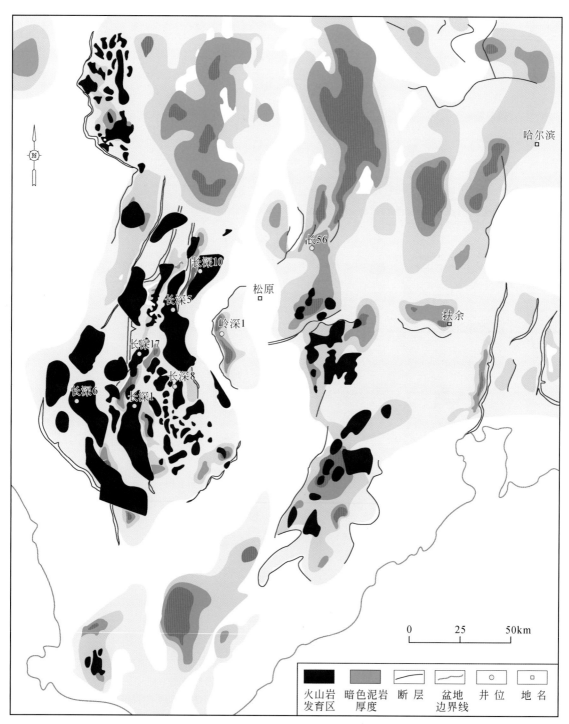

图 1-8 松辽盆地南部凹陷与火山岩分布图（据吉林油田，2012）

表 1-4　中国东、西部火山岩储层及油气成藏特征对比

	东部	西部
时代	中、新生代	古生代
分布	多呈北东东或北东向展布	呈北西西向展布
岩石系列与构造背景	以中生代时期大陆板内活化带富碱的钙碱性火山岩为主，至晚白垩世末—新生代出现碱性系列火山岩，反映先挤压后拉张的构造背景	以钙碱性火山岩为主，为古岛弧或活动陆缘型造山带
发育环境	以陆相为主	以海相、海陆交互相火山岩为主
岩性	中酸性，出现碱性岩	中基性
岩相	爆发相为主，喷溢相次之	喷溢相为主，爆发相次之
火山机构	层火山	层火山、熔岩穹丘
后期改造	弱	强烈
储层	原生型	改造叠加型
油气藏类型	岩性型	岩性、地层型
成藏组合	近源	近源、远源
储层形成关键	岩性、岩相、火山机构	火山旋回、淋滤溶蚀机理

三、火山岩油气聚集规律

火山岩本身不能生成有机烃类，作为一类特殊的油气储层，其油气主要在有利储盖配置区聚集。对于我国，与油气相关的俯冲造山后伸展裂陷、克拉通地幔柱和断陷三种构造环境的火山岩，从火山岩储层与烃源岩的纵横配置关系来看，火山岩储层中的油气主要存在近源与远源两种聚集模式（图 1-9、图 1-10）。近源聚集指纵向上火山岩与烃源岩同层或基本同层，平面上火山岩储层主要分布在生烃范围之内，一般形成岩性或构造 - 岩性油气藏；远源聚集指纵向上火山岩与烃源岩异层，平面上火山岩储层主要分布在生烃范围之外，一般形成地层或构造油气藏。

目前已发现的大型火山岩油气藏均与烃源岩近距离接触，纵向上构成自生自储或下生上储含油气组合，一般说来，以自生自储组合近源运聚成藏最为有利（图 1-9、图 1-10）。

松辽盆地深层下白垩统火山岩气藏属典型的自生自储型组合。火山岩储集层主要发育在火石岭组和营城组，烃源岩发育于营城组之下的沙河子组以及营城组内部，区域盖层是登娄库组和泉头组泥岩（图 1-11~图 1-14）。纵向上，火山岩储集层与烃源岩距离很近，使得油气可以近距离运聚成藏。加之后期发育晚白垩世大型拗陷湖盆，且改造作用不强，因此深层火山岩油气成藏地质要素基本保持了原位性，条件比较理想。

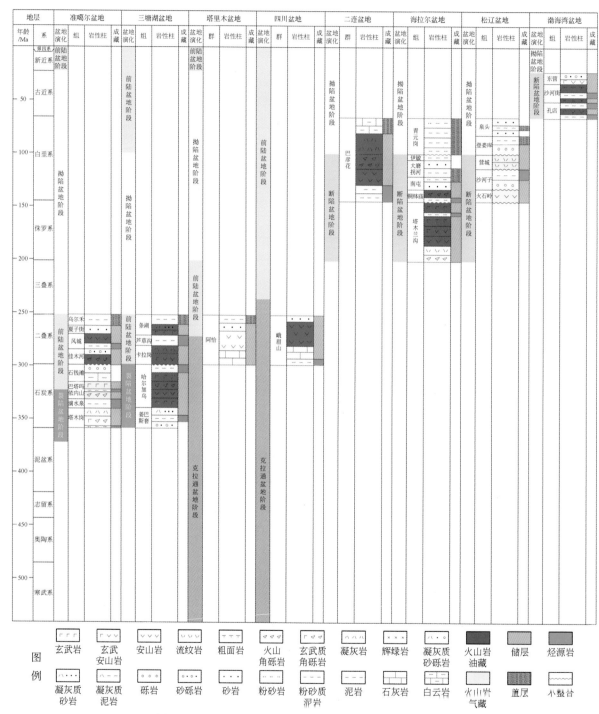

图 1-9　中国主要含油气盆地构造演化与火山岩油气组合关系（据毛治国等，2015）

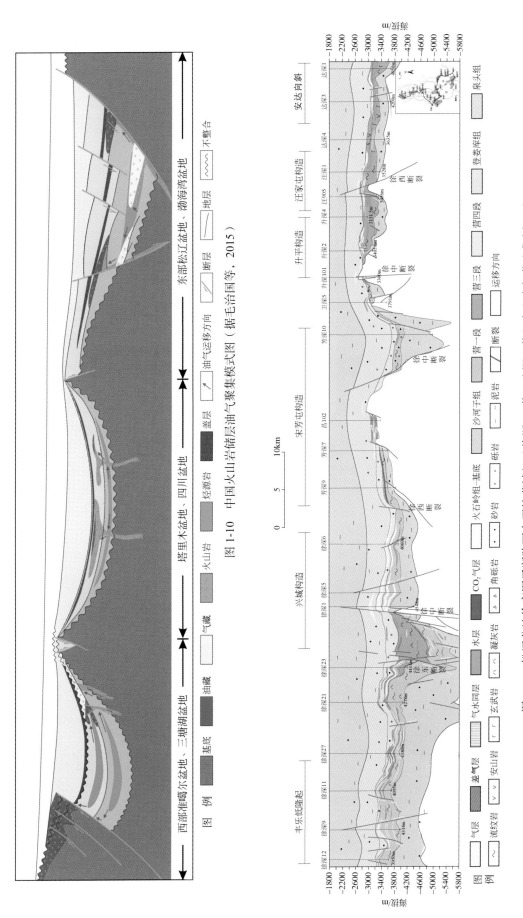

图 1-10 中国火山岩储层油气聚集模式图（据毛治国等，2015）

图 1-11 松辽盆地徐家围子断陷下白垩统营城组（徐深 12 井—达深 1 井）火山岩气藏聚集剖面图
[据火山岩油气藏的形成机制与分布规律（2009CB219300）项目组]

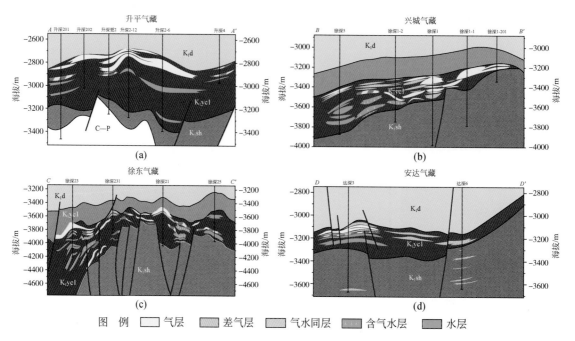

图 1-12　松辽盆地徐家围子断陷下白垩统营城组典型火山岩气藏剖面图（据大庆油田，2012 年）

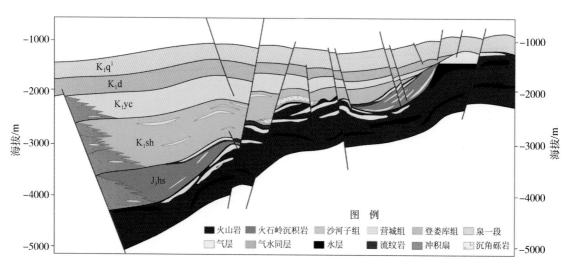

图 1-13　松辽盆地南部火石岭组火山岩油气聚集剖面图（据吉林油田，2013 年）

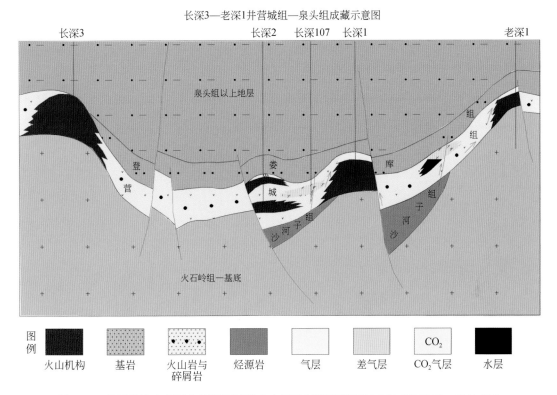

长深3—老深1井营城组—泉头组成藏示意图

长深3　　　　　　　　长深2　长深107　长深1　　　　　　老深1

泉头组以上地层

组

登　　　　　　娄　　　　　库

营　　　　　　城　　　　　组

组　　　　　　组　　　　　子

　　　　　　　　河　　　　　河

　　　　　　　　子　　　　　沙

　　　　　　　　沙

火石岭组一基底

图
例

| 火山机构 | 基岩 | 火山岩与
碎屑岩 | 烃源岩 | 气层 | 差气层 | CO₂气层 | 水层 |

图 1-14　松辽盆地南部下白垩统营城组火山岩油气聚集剖面图（据吉林油田，2013 年）

渤海湾盆地发育火山岩的层系较多，而具有工业价值的火山岩油气藏主要发育在古近系沙河街组。沙河街组是渤海湾盆地的主力生烃层系，其中间歇发育的火山岩被生油岩所夹持，构成典型的自生自储型含油气组合（图 1-15～图 1-17）。辽河东部凹陷欧利坨子沙三段粗面岩油藏以及南堡沙三段火山岩气藏，均属此种类型。

准噶尔盆地陆东地区和三塘湖盆地牛东地区石炭系火山岩油气藏的生-储-盖组合特征相似，总体为自生自储型组合，但受构造变动影响，生-储-盖组合既有原位性也有一定的异位性，勘探难度更大（图 1-18～图 1-22）。火山岩储集层主要位于石炭系顶部不整合面附近，受风化淋滤改造比较明显。烃源岩包括下石炭统和上石炭统两套泥岩，盖层为二叠系和三叠系泥岩。石炭系可以构成独立的含油气系统。

总体来看，东部断陷，以近源组合为主，火山岩与烃源岩互层，主要分布在生烃凹陷内或附近（图 1-9、图 1-10）。因此，在高部位形成爆发相为主的构造岩性油气藏，在斜坡部位形成喷溢相为主的岩性油气藏，如渤海湾盆地古近系和松辽盆地深层，火山岩发育在生烃层内。中西部发育近源与远源两种成藏组合类型，主要分布在大型不整合之下的火山岩风化壳内，形成地层油气藏，如准噶尔、三塘湖盆地石炭-二叠系火山岩；四川、塔里木盆地二叠系火山岩。

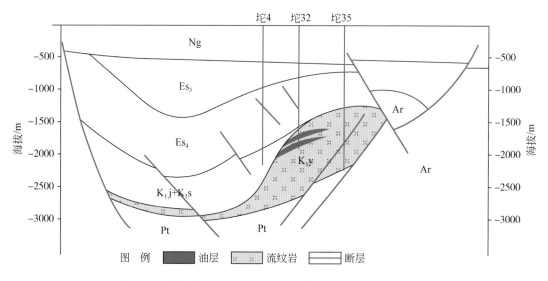

图 1-15　渤海湾盆地辽河牛心坨北部中生界火山岩潜山油藏

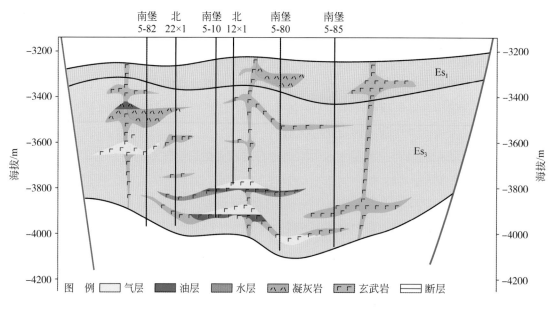

图 1-16　渤海湾盆地南堡凹陷五号构造古近系沙河街组火山岩油气藏

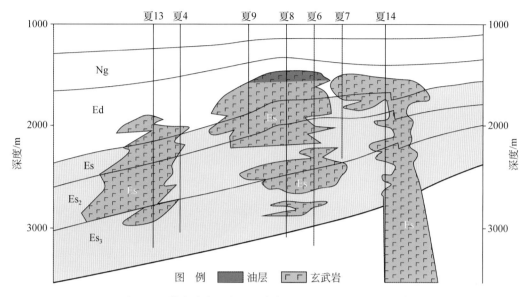

图 1-17 渤海湾盆地惠民凹陷古近系沙河街组火山岩油藏

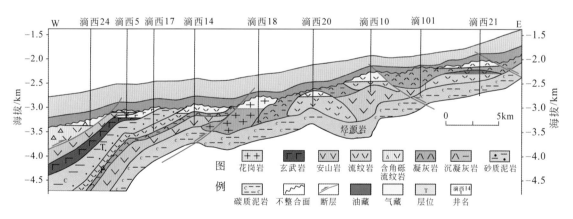

图 1-18 准噶尔盆地陆东地区石炭系火山岩气藏 (据杜金虎等，2010)

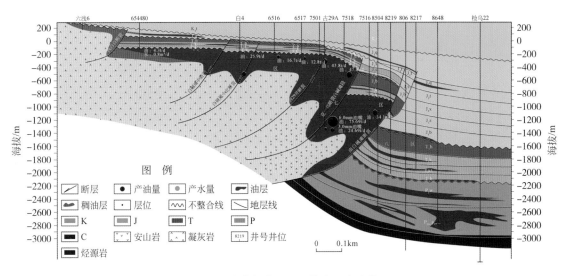

图1-19 准噶尔盆地西北缘火山岩油藏

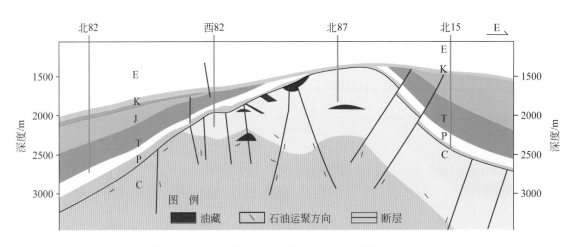

图1-20 准噶尔盆地北三台凸起石炭系火山岩油藏（据新疆油田，2010年）

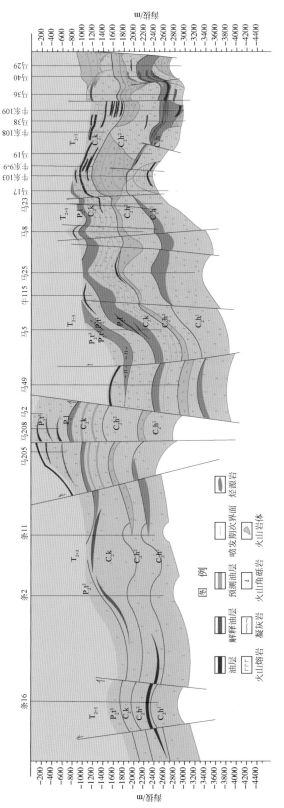

图 1-21 三塘湖盆地马朗－条湖凹陷石炭系火山岩油气聚集剖面图（据吐哈油田，2010 年）

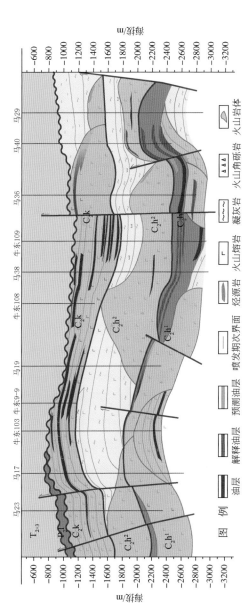

图 1-22 三塘湖盆地马朗凹陷牛东油田火山岩油藏剖面（据吐哈油田，2010 年）

第三节　火山岩储层研究现状

一、火山岩研究现状

火山岩的研究最初是简单的野外岩石描述，到了 19 世纪后半叶开始使用偏光显微镜进行薄片鉴定。20 世纪 60 年代，火山地质学家 Smith、Fisher 等描述了火山碎屑岩新的火山结构、火山喷发现象及其物理作用过程，20 世纪 70 年代初，专家们对火山岩的深部物质来源及动力学背景进行了深入研究。20 世纪 80 年代以来，对火山岩的研究扩展到火山岩矿物成分、化学成分、岩石结构构造、岩石系列类型与演化趋势、火山作用、火山岩相与相模式、火山机构与火山构造等方面。20 世纪 90 年代，加强了火山岩环境分析研究，划分了火山碎屑岩的沉积类型、喷发环境、相模式等。国内邱家骧、陶元奎、谢家莹等主要描述了火山岩的多种喷发相类型、相模式、多种类型的火山机构和火山构造等特征。这些研究都主要集中在岩性、岩相方面。

二、火山岩储层研究现状

长期以来，储层研究的主要对象是与沉积作用有关的一些岩石，火成岩作为储层的研究较少，没得到足够的重视。随着油气勘探的进展和火成岩储层的不断发现，火山岩已作为油气勘探的新领域（赵海玲，1998）。与此同时，与火山岩有关的石油地质学研究理论和技术方法也迅猛发展。20 世纪 90 年代末，出现了一门"生命力很强"的边缘学科——火山岩储层地质学（陈建文，2002；朱如凯等，2010）。

火山岩储层地质学的任务是深入研究火山岩油气储层的宏观展布、内部结构、储层参数分布、孔隙结构等特征以及在火山岩油气田开发过程中储层参数的动态变化特征，为油气田勘探和开发服务。

火山岩储层地质学的研究内容有 7 个方面：① 储层地质特征（岩石学特征、岩相特征、火山机构、火山构造、火山喷发类型、火山岩体分布等）；② 储层物理性质及储层非均质性（孔隙度、渗透率、流体饱和度以及这些参数的空间分布特征）；③ 储层孔隙类型与孔隙结构（原生孔隙、次生孔隙和裂缝的发育特征及其丰度，各类孔隙的连通状态）；④ 孔隙演化模式及其控制因素（孔隙形成和演化特征，火山作用、火山喷发类型和成岩作用对孔隙形成和破坏的控制作用，孔隙形成和演化的控制因素）；⑤ 储层地质模型（建模地质要素、储层地质模型分类、建模方法、模型效果验证）；⑥ 储层敏感性（储层敏感性类型、机理，储层伤害原因，储层敏感性评价）；⑦ 储层预测与储层综合评价（火山岩储层预测的地质方法、测井、地震方法及建模方法，储层评价的任务、目标和技术及评价效果验证）。

　　火山岩储层研究的难度较碎屑岩和碳酸盐岩储层研究更大。因此，它更多地重视多学科的综合研究，即石油地质学、火山学、岩石学和油层物理学的理论结合以及重磁、电法、地震、测井、数学地质和计算机技术等手段和方法的综合运用（陈建文，2002）。克卢博夫（1982）归纳了苏联火山岩储层研究实验方法，主要包括以下几个方面：① 对岩心和岩石露头进行详细的肉眼观察与描述，确定岩相、岩石类型、矿物成分、胶结程度和裂隙性；② 对岩心结构构造、成岩后生变化方向和程度进行镜下研究；③ 对岩石中的细分散矿物成分进行 X 射线测定；④ 在偏光和扫描显微镜下对岩石中的自生矿物进行详细研究；⑤ 应用扫描电子显微镜和电子计算装置对岩石孔隙和新生矿物形态进行研究；⑥ 研究岩石中的微裂隙及其分布特点；⑦ 对岩心的有效孔隙度、渗透率、剩余水饱和度和内比面积等进行实验室测定；⑧ 对盖层的隔绝性进行实验测定，包括裂隙的形成能力，破裂压力和地层压力下的空气渗透性。

　　日本对火山岩储集层孔隙的实验研究主要包括：① 用扫描电子显微镜观察岩石孔壁上石英、黏土矿物、沸石和非晶质物质形成平滑或粗糙孔壁的现象；② 将岩样浸泡于环氧树脂中使孔隙染色，然后制片进行镜下观察，由此可以获得有关有效孔隙的分布状态、孔隙形状、孔隙连通性方面的资料；③ 利用毛细管压力测定值，经换算及制图，可以确定储集岩孔径分布范围。

　　火山岩岩性复杂，物性变化大，尚没有成熟的火山岩油气储层识别和评价的地球物理方法。关于火山岩储集层及含油气性，日本有较好的尝试。日本新潟南长冈气田综合应用自然伽马、补偿地层密度和补偿中子测井较成功地划分了中新世七谷层"绿色凝灰岩"中的储集层——流纹岩岩相。其中，玻璃质碎屑岩相表现为井径大、自然伽马值高、电阻率低，在密度－孔隙曲线上具有类似于白云岩特征，密度为 $2.72g/cm^3$，孔隙度为 2%~20%；枕状角砾岩相井径小、自然伽马值低、电阻率高，孔隙度为 10%~25%，密度为 $2.66g/cm^3$ 左右；熔岩相井径小、自然伽马值低、电阻率高，在密度－孔隙度曲线上具有类似于砂岩的特征，密度为 $2.66g/cm^3$，孔隙度为 10% 左右。

火山岩储层岩石类型及
成分结构、构造特征

中国含油气盆地火山岩储集层岩石类型多，其中，熔岩类
主要有玄武岩、安山岩、英安岩、流纹岩、粗面岩等；火
山碎屑岩类主要包括集块岩、火山角砾岩、凝灰岩、熔结
火山碎屑岩等（图 2-1~ 图 2-180）。

第一节　火山岩熔岩类

一、基性岩：玄武岩类

玄武岩一般为黑、灰黑色致密岩石，风化后为灰绿色，强氧化后为紫红色；以斑状和无斑隐晶结构为主，基质多为微晶－隐晶质，玻璃质少见，一般肉眼能看到长条状斜长石微晶。常见斑晶矿为斜长石、橄榄石和辉石，其中橄榄石常蚀变为褐红色伊丁石。气孔构造和杏仁构造发育，气孔大小不一，呈圆形或椭圆形；杏仁体多为蛋白石、绿泥石、方解石或沸石矿物充填。玄武岩可发生强烈蚀变，斑晶常被碳酸盐矿物、绿泥石、皂石或黄铁矿交代，但斑晶的自形轮廓仍被保留，次生矿物有伊丁石、绿泥石、蛋白石和沸石等。

玄武岩主要亚类有：橄榄玄武岩、辉石－橄榄玄武岩、橄榄－辉石玄武岩、辉石玄武岩、玄武岩、伊丁石化玄武岩、蚀变玄武岩、气孔状玄武岩和杏仁状玄武岩等，是我国分布最广的火山熔岩储层，原生和次生孔隙发育。陆上喷发的玄武岩常经风化，形成风化孔隙和裂缝。另外还有发育的构造裂缝，冷凝成岩收缩裂缝等。

二、中性岩：安山岩类、粗面岩类

安山岩一般为灰、灰绿、红褐色细粒岩石，变化后为绿、褐或灰白色；多具斑状结构，无斑隐晶结构少见，斑晶主要为斜长石及角闪石，基质由微晶斜长石和玻璃质组成；常为块状、气孔状和杏仁状构造，气孔大小不一、多为圆形或长圆形。安山岩主要亚类有：玄武安山岩、辉石安山岩、角闪安山岩、黑云母安山岩等。

粗面岩一般呈暗灰色，风化面呈褐灰、褐红色。多具斑状结构，斑晶为透长石、正长石或中长石，有时出现辉石或暗化的角闪石、黑云母；基质为隐晶质，以微晶透长石为主，常具粗面结构或交织结构，有时出现球粒和少量玻璃质。常见构造为块状、气孔状或杏仁状。主要亚类有：粗面岩、粗安岩等。

三、酸性岩：英安岩类、流纹岩类

酸性岩一般色浅，多为灰白、灰、灰红色；多为斑状结构，也有无斑隐晶质结构和玻璃质结构，斑晶主要为石英、碱性长石和斜长石，基质则为不可辨的隐晶质或玻璃质。常具流纹构造，亦见气孔构造、杏仁构造、珍珠构造和石泡构造，气孔多呈不规则拉长状。主要亚类有：

流纹岩、英安岩、珍珠岩、浮岩等。

第二节 火山碎屑岩类

火山碎屑岩是由火山作用形成的各种火山碎屑物，堆积后经多种成岩方式固结而成的岩石。火山碎屑物的物性可以是刚性、半塑性或塑性，内部组分结构可以是岩屑、晶屑或玻屑，粒级大小可以从米级到微米级，因此，形成的岩类复杂多样。火山碎屑岩既可以形成于陆地环境，又可以形成于水下环境，如海洋、湖泊河流等，是火山作用和沉积作用共同作用的结果，介于火山岩熔岩和沉积岩之间，兼有两者的特点，又与两者相互过渡。

一、普通火山碎屑岩类：集块岩、火山角砾岩、凝灰岩等

普通火山碎屑岩中的火山碎屑物含量大于90%（体积分数），正常沉积物或熔岩极少。成岩作用方式是以压结为主，胶结物多为火山灰或由火山灰分解的黏土矿物，粗火山碎屑岩一般不具层状构造。火山碎屑物主要由刚性岩屑、晶屑和玻屑组成，少量为半塑性岩屑和玻屑，塑变现象一般不明显。

集块岩和火山角砾岩主要由刚性或半塑性火山碎屑物组成，颗粒多为棱角状、次棱角状，分选性差，填隙物为细小的岩屑、晶屑和玻屑等，一般分布在火山口附近，火山角砾岩也可以在离火山口较远的地方堆积。凝灰岩常被火山尘及玻屑分解物质胶结，以玻屑、晶屑为主，岩屑很少超过20%，粒度细，分选性较差，棱角、次棱角状，孔隙度高，玻屑不稳定，容易遭受次生变化，可见韵律层理或层状构造。

二、熔结火山碎屑岩类：熔结凝灰岩等

熔结火山碎屑岩由熔结作用形成，火山碎屑物含量达到90%以上。具熔结火山碎屑结构，岩石主要由大量塑性玻屑、塑性岩屑和塑变浆屑组成，也可含一定量的晶屑和刚性岩屑。塑性碎屑常被压扁、拉长，呈透镜状、分叉状、撕裂状、火焰状、条带状、饼状等形态，并定向紧密排列，边缘常因氧化而具有暗化边（褐红色、黑褐色），塑性岩屑内部可见熔岩的斑晶及气孔、杏仁、流纹等构造。该类岩石具典型的假（似）流动构造，镜下观察塑变岩屑、玻屑脱玻

化明显，晶屑通常有裂纹和熔蚀现象，主要分布在火山颈、破火山口、火山构造洼地。熔结集块岩和熔结角砾岩。

三、火山碎屑熔岩类：集块熔岩、角砾熔岩等

火山碎屑熔岩为正常火山碎屑岩向熔岩过渡的类型，火山碎屑物含量变化大，为10%~90%，具碎屑熔岩结构、块状构造。熔岩部分可含有数量不定的斑晶，呈斑状结构、气孔杏仁构造。火山碎屑物质主要为岩屑和晶屑，玻屑少见，往往胶结的熔岩成分相似。

四、火山沉积碎屑岩类：沉凝灰岩、凝灰质砂岩等

火山沉积碎屑岩为正常火山碎屑岩向沉积岩过渡的类型，火山碎屑物含量10%~90%，是由火山碎屑物质落入水盆中，与正常沉积物混杂组成，经化学沉积物和黏土杂基胶结与压实作用成岩的火山作用同期产物，包括两个亚类：沉积火山碎屑岩和火山碎屑沉积岩。沉积火山碎屑岩的火山碎屑物可达50%~90%，其余为正常沉积物，层理构造发育；火山碎屑沉积岩的火山碎屑物含量在10%~50%，特征接近沉积岩，主要为凝灰质碎屑岩，镜下一般可见磨圆度较好的砾石、砂粒和充填其中的无色透明棱角状玻屑。

第三节　次火山岩和脉岩类

一、辉绿岩

辉绿岩呈灰绿、黑绿或黑色，以中细粒斑状结构为主，常见典型的辉绿结构，由基性斜长石和单斜辉石组成，也可见橄榄石、斜方辉石、角闪石等。岩石常见蚀变现象，暗色矿物发生绿泥石化、皂石化、绿帘石化，斜长石绢母云化、黝帘石化。

二、花岗岩

花岗岩一般呈灰红、灰白色，块状构造，斑状结构，斑晶和基质成分相同，主要为石英、碱性长石和少量斜长石，暗色矿物少。岩石中的石英、长石斑晶常见熔蚀结构。

图 2-1　灰黑色玄武岩

结构构造：岩石致密，块状构造，发育气孔、杏仁构造，少量发育裂缝。

松辽盆地，白垩系营城组，达深 4 井，3265.1m

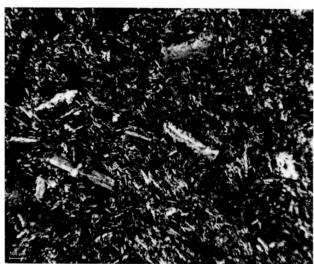

图 2-2　灰黑色玄武岩

结构构造：斑状结构，块状构造，岩石较致密。

矿物组成：斑晶：斜长石，板柱状，部分绢云母化，边缘不平直，呈微港湾状，粒度长 0.5mm、宽 0.1mm 左右。基质：显微嵌晶含长结构、拉斑玄武结构，局部具间粒结构，条状斜长石微晶和不规则粒状辉石组成。

松辽盆地，白垩系营城组，达深 4 井，3266.14m，单偏光

图 2-3　玄武岩

结构构造：间粒结构，岩石块状构造。

矿物组成：斜长石柱状、板状，少数宽板状，结晶大者 0.6mm×0.8mm，一般 0.03mm×0.2mm，含量 60%；辉石粒状，一般大小 0.02mm，含量 10%；黑云母片状，绿色，有绿泥石化，含量 10%；伊丁石粒状，红褐色，具有解理，含量 10%；绿泥石次生蚀变产物，含量 5%；磁铁矿粒状，含量 4%。

三塘湖盆地，石炭系卡拉岗组，牛东 9-8 井，1505.43m，正交偏光，×5

图 2-4　玄武岩

结构构造：斑状结构、基质间隐结构。

矿物组成：斑晶为斜长石为宽板状 0.5mm×0.6mm 有被方解石交代，斜长石斑晶含量 5%；基质：斜长石为柱状，大小小于 0.1mm×0.2mm，含量 40%。

三塘湖盆地，石炭系卡拉岗组，牛东 9-8 井，1525.25m，单偏光，×10

图 2-5　玄武岩

结构构造：斑状结构，基质间隐、间粒结构，岩石块状构造。

矿物组成：斑晶：为柱状斜长石，斜长石斑晶大小 0.2mm×0.4mm，斑晶含量 25%。基质：斜长石，柱状，大小 0.02mm×0.1mm，含量 30%；玻璃质浅褐色，无光性，局部有绿泥石化，玻璃含量 10%；辉石粒状，0.05mm，含量 8%。

三塘湖盆地，石炭系卡拉岗组，牛东 9-8 井，1678.60m，单偏光，×10

图 2-6　玻基玄武岩

结构构造：斑状结构，基质玻基结构，岩石块状构造。

矿物组成：斑晶：斜长石板状、柱状，部分有绿泥石化、钠长石净化边，大小悬殊较大，含量 30%；辉石粒状，0.1~0.3mm，含量 2%。基质：基性火山玻璃，黑色无光性，含量 40%。

三塘湖盆地，石炭系卡拉岗组，牛东 9-10 井，1507.56m，单偏光，×10

图 2-7　橄榄玄武岩

结构构造：粗玄结构，致密块状构造。

矿物组成：斜长石呈自形长板条状，搭成骨架，板条长度 0.1~0.15mm，含量 40%；单斜辉石呈他形充填其中，含量 15%，亦可见蚀变的它形粒状橄榄石，含量 35%，还含有 5% 的钛铁氧化物。

蚀变特征：橄榄石具蛇纹石化和皂石化蚀变，其他矿物新鲜。

塔里木盆地，二叠系，阿满 1 井，4710.00m，单偏光，×10

图 2-8　橄榄玄武岩

结构构造：粗玄结构，致密块状构造。

矿物组成：斜长石呈自形长板条状，搭成骨架，板条长度 0.2~0.4mm，含量 55%；单斜辉石呈他形充填其中，含量 30%，亦可见蚀变的它形粒状橄榄石，含量 10%，还含有 1% 的钛铁氧化物。

蚀变特征：橄榄石强烈的蚀变，发生伊丁石化。

塔里木盆地，二叠系，阿满 1 井，4924.00m，正交偏光，×10

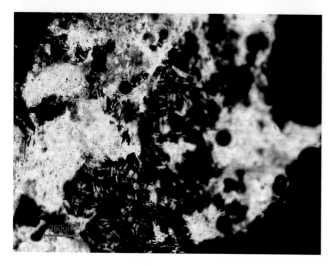

图 2-9　橄榄玄武岩

结构构造：粗玄结构，致密块状构造。

矿物组成：斜长石呈自形长板条状，搭成骨架，板条长度 0.1~0.2mm；单斜辉石呈他形充填其中，含有少量钛铁氧化物。

蚀变特征：橄榄石、长石等发生较强烈的蚀变。

塔里木盆地，二叠系，阿满 1 井，4826.00m，单偏光，×10

图 2-10　橄榄玄武岩

结构构造：粒玄结构、块状构造。

矿物组成：斜长石呈自形长板条状，搭成骨架，板条长度 0.1~0.15mm，含量 45%；单斜辉石呈他形充填其中，含量 30%，亦可见蚀变的它形粒状橄榄石，含量 15%，还含有 1% 的钛铁氧化物。

蚀变特征：橄榄石强烈的蚀变，发生伊丁石化。

塔里木盆地，二叠系，阿满 2 井，4394.00m，正交偏光，×10

图 2-11　橄榄玄武岩

结构构造：粒玄结构，块状构造。

矿物组成：斜长石呈自形长板条状，搭成骨架，板条长度 0.1~0.25mm，含量 50%；辉石呈他形小颗粒填充其中，含量 20%，橄榄石亦呈他形粒状充填其中，含量 25%，还含有 1% 的钛铁氧化物。

蚀变特征：橄榄石蚀变较强烈，发生伊丁石化。

塔里木盆地，二叠系，阿满 2 井，4456.00m，正交偏光，×10

图 2-12　橄榄玄武岩

结构构造：粒玄结构、块状构造。

矿物组成：斜长石呈自形长板条状，搭成骨架，板条长度 0.1~0.2mm，含量 50%；单斜辉石呈他形充填其中，含量 20%，亦可见它形粒状橄榄石，具有一定的定向性，还含有 5% 的钛铁氧化物。

蚀变特征：橄榄石强烈的蚀变，发生伊丁石化、蛇纹石化或皂石化。

塔里木盆地，二叠系，阿满 2 井，4476.00m，正交偏光，×10

图 2-13　橄榄玄武岩

结构构造：斑状结构，基质为粒玄结构，块状构造。

矿物组成：斜长石呈自形长板条状，搭成骨架，板条长度 0.2~0.4mm，含量 55%；单斜辉石呈他形充填其中，亦可见蚀变的它形粒状橄榄石，含量10%，还含有 1% 的钛铁氧化物。

塔里木盆地，二叠系，阿满 2 井，4492.00m，正交偏光，×5

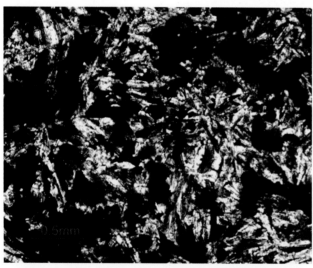

图 2-14　橄榄玄武岩

结构构造：粒玄结构、块状构造。

矿物组成：斜长石呈自形长板条状，搭成骨架，板条长度 0.2~0.35mm，含量 45%；细小的粒状单斜辉石呈他形充填其中，含量 15%，亦可见蚀变的它形粒状橄榄石，含量30%，还含有 2% 的钛铁氧化物。

蚀变特征：橄榄石强烈蚀变，发生伊丁石化。

塔里木盆地，二叠系，阿满 2 井，4578.00m，单偏光，×5

图 2-15　橄榄玄武岩

结构构造：粒玄结构，块状构造。

矿物组成：斜长石呈自形长板条状，搭成骨架，板条长度 0.1~0.2mm，含量 50%；单斜辉石呈他形充填其中，含量 30%，亦可见蚀变的它形粒状橄榄石，含量 10%，还含有 2% 的钛铁氧化物。

蚀变特征：橄榄石强烈蚀变，发生伊丁石化。

塔里木盆地，二叠系，阿满 2 井，4598.00m，单偏光，×10

图 2-16　橄榄玄武岩

结构构造：粒玄结构，块状构造。

矿物组成：斜长石呈自形长板条状，搭成骨架，板条长度 0.1~0.25mm，含量 45%；单斜辉石呈他形充填其中，含量 20%，亦可见蚀变的它形粒状橄榄石，含量 20%，还含有 5% 的钛铁氧化物。

蚀变特征：橄榄石强烈蚀变，发生伊丁石化、蛇纹石化、皂石化。

塔里木盆地，二叠系，阿满 2 井，4616.00m，正交偏光，×10

图 2-17　橄榄玄武岩（可见火焰状玻屑）

结构构造：粒玄结构，块状构造。

矿物组成：斜长石呈自形长板条状，搭成骨架，板条长度 0.1~0.15mm，含量 50%；单斜辉石呈他形充填其中，含量 30%，亦可见它形粒状的蚀变橄榄石分布其中，颗粒大小为 0.05~0.1mm，含量 10%；还含有 1% 的钛铁氧化物。

蚀变特征：橄榄石发生伊丁石化及皂石化蚀变。

塔里木盆地，二叠系，丰南 1 井，4924.00m，单偏光，×20

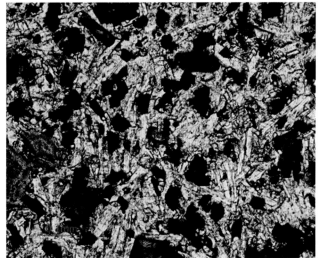

图 2-18　辉石橄榄玄武岩

结构构造：粒玄结构，块状构造。

矿物组成：斜长石呈自形长板条状，搭成骨架，板条长度 0.1~0.15mm；橄榄石呈他形粒状充填其中，亦可见长条状橄榄石（岩浆温度高，流动性强，晶体生长时沿某一方向生长），辉石呈大颗粒状填充于斜长石间隙；还含有磷灰石。

蚀变特征：橄榄石蚀变较强烈，发生伊丁石化（黄色）和蛇纹石化（绿色）。

塔里木盆地，二叠系，塔中 63 井，3696.00~3698.00m，单偏光，×10

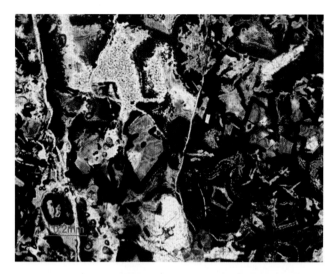

图 2-19　蚀变玻基橄榄玄武岩

结构构造：斑状结构，基质为玻璃质，可见脱玻化的小颗粒、块状构造。

矿物组成：斑晶：橄榄石，呈半自形粒状，粒度在 0.1~0.2mm；斜长石呈自形 - 半自形长条状，粒度在 0.2~0.3mm，一些斑晶粒度大于 1mm。基质：玻璃质，可见脱玻化的小颗粒。

蚀变特征：橄榄石强烈蚀变，发生蛇纹石化、皂石化。

塔里木盆地，二叠系，塔中 75 井，3170.00m，单偏光，×10

图 2-20　蚀变橄榄玄武岩

结构构造：斑状结构，基质交织结构，斜长石交织结构，格架中粒状磁铁矿、赤铁矿、块状构造。

矿物组成：斜长石为柱状，单偏光下长石晶体清晰可辨，大小较均匀，一般 0.02~0.2mm，具有定向性。

蚀变特征：斑晶长石、暗色矿物，均已蚀变为绿泥石、蛇纹石、沸石、硅质。

三塘湖盆地，石炭系卡拉岗组，马 17 井，1545.09m，单偏光，×10

图 2-21　蚀变橄榄玄武岩的玻晶交织结构

结构构造：斑状结构，基质交织结构，块状构造，杏仁状构造。

矿物组成：斑晶：粒状被蚀变了的暗色矿物，可见辉石、橄榄石假晶；斜长石为柱状，单偏光下长石晶体清晰可辨，大小较均匀，一般为 0.05mm×0.3mm，具有定向性。

蚀变特征：斑晶暗色矿物，均已蚀变为绿泥石、蛇纹石、沸石、伊丁石化。

三塘湖盆地，石炭系卡拉岗组，马 17 井，1549.85m，单偏光，×10

图 2-22 橄榄玄武岩

结构构造：斑状结构，基质为粒玄结构，块状构造。

矿物组成：斑晶：橄榄石呈半自形粒状，粒度在 0.1~0.2mm，蚀变成伊丁石和蛇纹石，含量 25%；斜长石呈自形-半自形长条状，粒度在 0.4~0.7mm，一些斑晶粒度大于 1mm。基质：长石、辉石，辉石呈细小串珠状或细针状分布在斜长石之间。

蚀变特征：橄榄石发生蚀变，发生蛇纹石化和伊丁石化。

塔里木盆地，二叠系，塔中 122 井，3267.00~3268.00m，单偏光，×5

图 2-23 橄榄玄武岩

结构构造：少斑结构，基质间隐、间粒结构。

矿物组成：斑晶：斜长石呈柱状、板状，大小 0.2mm×0.5mm，有少量聚斑结构，橄榄石粒状，不规则裂缝发育，大者 1.5mm×1.5mm，部分具伊丁石化；辉石粒状，0.2mm。基质为斜长石，针状、小柱状，大小不均；火山玻璃为褐色，无光性，局部绿纤石化；辉石呈粒状。次生蚀变矿物为伊丁石，呈粒状，多为橄榄石蚀变产物、绿泥石火山玻璃蚀变产物。

三塘湖盆地，石炭系卡拉岗组，牛东 9-8 井，1669.30m，正交偏光，×10

图 2-24 伊丁石化玄武岩

结构构造：间粒结构，局部见交织结构，块状构造。

矿物组成：斑晶：粒状伊丁石化的橄榄石，橄榄石假晶，大小较悬殊；斜长石为柱状，大小较均匀，一般 0.05mm×0.3mm，具有定向性；磁铁矿为粒状、多呈浸染状分布。

蚀变特征：斑晶暗色矿物，均已伊丁石化，隐晶质和玻璃质多绿泥石化。

三塘湖盆地，石炭系卡拉岗组，马 17 井，1551.94m，正交偏光，×10

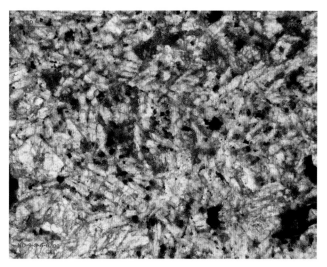

图 2-25　伊丁石化玄武岩

结构构造：斑状结构，基质间隐、间粒结构，岩石块状构造。

矿物组成：斑晶：蛇纹石化、伊丁石化橄榄石，大小：0.2mm×0.2mm~0.6mm×0.8mm，外边伊丁石化，核部蛇纹石化，含量10%；斜长石宽板状0.3mm×0.5mm，含量5%。基质：斜长石柱状，结晶大小一般0.02~0.2mm，含量48%；辉石粒状，一般大小0.02mm，含量4%。次生蚀变矿物为绿泥石，多为隐晶质，绿色，充填在基质斜长石格架中或交代斜长石，含量20%，伊丁石粒状，红褐色，具有解理，含量8%，副矿物为磁铁矿，粒状，含量2%。

三塘湖盆地，石炭系卡拉岗组，牛东9-8井，1508.53m，单偏光，×10

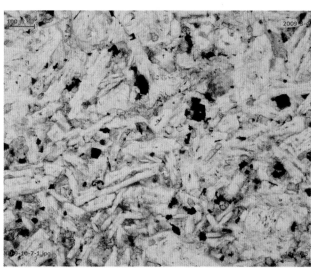

图 2-26　伊丁化石玄武岩

结构构造：斑状结构，基质间粒结构，岩石块状构造。

矿物组成：斑晶：斜长石呈板状，新鲜未见蚀变，斑晶最大0.2mm×0.8mm，一般0.15mm×0.5mm，含量15%；辉石粒状，具辉石解理，大小0.3mm，含量1%。基质：斜长石柱状，一般0.05mm×0.2mm，含量26%；辉石小粒状，充填在斜长石格架中大小0.1~0.02mm，新鲜未见蚀变，含量10%。次生蚀变矿物为粒状伊丁石，为交代铁镁矿物产物，含量15%。

三塘湖盆地，石炭系卡拉岗组，牛东9-10井，1414.05m，单偏光，×10

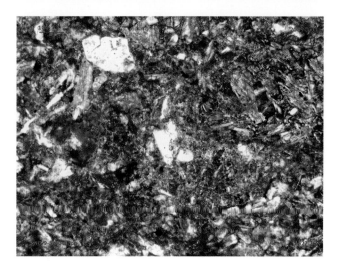

图 2-27　绿纤石化玄武岩

结构构造：斑状结构，基质玻基交织结构岩石块状构造。

特征：斑晶：斜长石。基质：长石和玻璃质均有较强烈的绿泥石化、绿纤石化。

三塘湖盆地，石炭系卡拉岗组，牛东9-8井，1627.25m，单偏光，×10

图 2-28　杏仁状绿纤石化玄武岩

结构构造：斑状结构，基质交织结构，岩石杏仁状构造。

矿物组成：斑晶：柱状、板状斜长石，有聚斑结构，有浊沸石化；辉石粒状，表面新鲜。基质：斜长石针状、小柱状；火山玻璃褐色，无光性，多已绿纤石化；辉石小粒状；磁铁矿粒状、斑块状。

特征：岩石绿纤石化强烈，杏仁体内绿纤石充填。

三塘湖盆地，石炭系卡拉岗组，牛东 9-8 井，1646.77m，单偏光，×10

图 2-29　蚀变玄武岩

结构构造：斑状结构，基质间隐结构。

矿物组成：斑晶：斜长石板状，蚀变强烈多泥化、沸石化，蚀变的斑晶裂纹发育并有溶蚀，斑晶最大 0.8mm×1mm，一般 0.15 mm×0.5mm，斑晶含量10%；辉石粒状，具辉石解理，大小0.2mm，含量1%。基质：长石小柱状、针状，一般 0.1 mm×0.01mm，蚀变较强，含量26%；辉石小粒状，充填在斜长石格架中，大小0.02mm，有绿纤石化，含量4%；隐晶质充填在基质斜长石格架中，为玻璃质，含量15%。

三塘湖盆地，石炭系卡拉岗组，牛东 9-10 井，1388.45m，正交偏光，×10

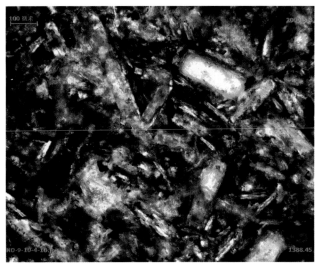

图 2-30　基质无色的火山玻璃

岩性：绿纤石化玄武岩。

特征：火山玻璃无色，无光性，但见绿纤石化、绿泥石化。

三塘湖盆地，石炭系卡拉岗组，牛东 9-8 井，1648.88m，单偏光，×10

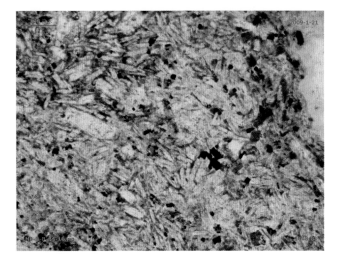

图 2-31 拉斑玄武岩

结构构造：斑状结构，基质为辉绿结构。

矿物组成：斑晶：斜长石，呈自形板柱状。基质：斜长石、单斜辉石、玻璃质，斜长石自形程度高，呈半自形长条状搭成骨架，半自形－它形的单斜辉石充填其中。

塔里木盆地，二叠系，康 2 井，1004.00~1214.00m，正交偏光，×5

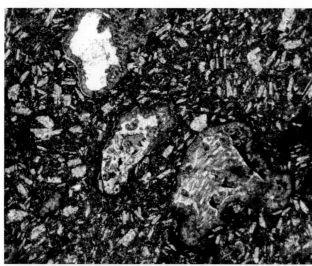

图 2-32 气孔玄武岩

结构构造：斑状结构，基质间隐、间粒结构，杏仁状构造。

特征：气孔、杏仁体含量25%，杏仁体充填绿泥石、斜发沸石、八面沸石、方解石，部分气孔没有充填物呈孔洞状，部分浊沸石溶解形成杏仁体内溶孔。

三塘湖盆地，石炭系卡拉岗组，马 19 井，1544.55m，单偏光，×2.5

图 2-33 杏仁状玄武岩

结构构造：斑状结构，基质间粒－间隐结构，气孔－杏仁构造。

矿物组成：斑晶：单斜辉石、斜长石；单斜辉石呈半自形粒状，斜长石自形程度较高，呈长柱。基质：斜长石、单斜辉石、玻璃质；斜长石自形程度高，呈板柱状搭成骨架，半自形－它形的单斜辉石充填其中，气孔、杏仁均较发育。

塔里木盆地，二叠系，哈 1 井，5521.00m，正交偏光，×10

图 2-34　杏仁状玄武岩

结构构造：间粒结构，局部见交织结构，块状构造，杏仁构造。

特征：杏仁体有绿泥石、硅质、八面沸石充填，杏仁体含量 10%，杏仁体大小 0.1mm×0.1mm~1mm×0.5mm。

三塘湖盆地，石炭系卡拉岗组，马 17 井，2328.20m，单偏光，×10

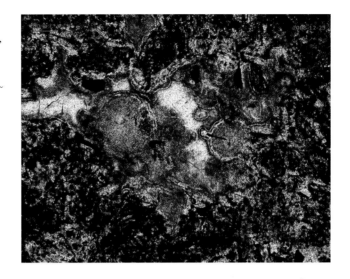

图 2-35　杏仁状玄武岩

结构构造：斑状结构，基质间粒结构，杏仁状构造。

特征：斑晶：斜长石自形晶，板状、柱状。基质：斜长石针状、小柱状；杏仁体含量 30%，多呈不规则状，成分为斜发沸石、绿泥石、海绿石，斜发沸石呈放射状、嵌晶状。

三塘湖盆地，石炭系卡拉岗组，马 19 井，1553.37m，单偏光，×2.5

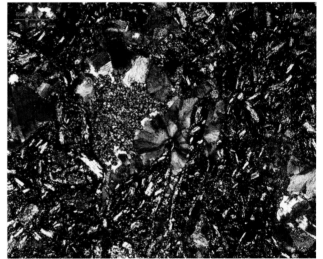

图 2-36　杏仁状玄武岩

结构构造：少斑状结构，基质间隐结构，气孔、状杏仁状构造。

特征：斜长石斑晶柱状，偶见聚斑结构，少量斜长石斑晶有绿泥石化。基质：斜长石小柱状、针状，格架中隐晶质、玻璃质，多已绿泥石化，部分溶蚀形成晶间微孔；杏仁体多呈半充填状，充填斜发沸石、辉石、八面沸石，大小悬殊。

三塘湖盆地，石炭系卡拉岗组，马 19 井，1558.21m，正交偏光，×5

图 2-37 杏仁状玄武岩

结构构造：斑状结构，基质间隐、间粒结构，岩石块状构造。

矿物组成：斑晶：斜长石长板状、少量板状，自形晶大小 0.2mm×1mm，一般 0.2mm×0.4mm；暗色矿物粒状，多已绿泥石化，0.2~0.3mm。基质：斜长石针状、小柱状，大小 0.01mm×0.1mm，绿泥石主要充填在斜长石格架中、杏仁体内和交代暗色矿物；辉石粒状，粒级 <0.01mm，多充填在基质斜长石格架中。

特征：杏仁体发育，最大 2.5mm×3.5mm，最小 0.2mm×0.2mm，杏仁体内沿环带有微裂缝。

三塘湖盆地，石炭系卡拉岗组，塘参 3 井，3171.48m，单偏光，×2.5

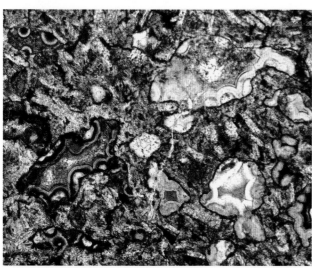

图 2-38 杏仁状玄武岩

结构构造：少斑结构，岩石杏仁状构造。

特征：岩石绿纤石化强烈，并有硅化、碳酸盐化，原始结构已被改造；杏仁体多为不规则状，均已充填，充填物沸石、绿泥石、火山玻璃、硅质、方解石。

三塘湖盆地，石炭系卡拉岗组，牛东 9-8 井，1671.36m，单偏光，×5

图 2-39 玻基玄武岩

结构构造：玻基斑状结构。

矿物组成：斑晶：斜长石、单斜辉石，斜长石呈自形长柱状，单斜辉石呈半自形粒状；基质：火山玻璃。

塔里木盆地，二叠系，塔中 20 井，3393.00~3432.50m，正交偏光，×50

图 2-40　玻基玄武岩

结构构造：玻晶交织结构，岩石块状构造。

矿物组成：斜长石柱状，0.05mm×0.2mm 为主，含量 52%；火山玻璃单偏光下黑褐色，正交光下无光性，含量 35%；橄榄石已蛇纹石化，但可见橄榄石假晶，含量 3%；磁铁矿粒状，含量 1%，有氧化现象。

三塘湖盆地，石炭系卡拉岗组，牛东 9-8 井，1561.71m，单偏光，×10

图 2-41　粒玄岩

结构构造：粒玄结构、块状构造。

矿物组成：斜长石为自形板状，构成结构的骨架，长度约 0.4mm；单斜辉石为它形粒状，填隙于斜长石骨架之间，少量单斜辉石颗粒较大，呈斑晶状产出；钛铁氧化物（少量）。

蚀变特征：样品新鲜无蚀变。

塔里木盆地，二叠系，满西 2 井，4481.00m，单偏光，×5

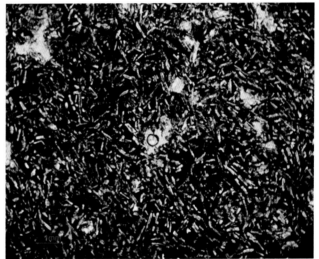

图 2-42　粒玄岩

结构构造：间粒结构。

矿物组成：单斜辉石呈自形 - 半自形粒状；斜长石呈自形 - 半自形板柱状。

塔里木盆地，二叠系，山 1 井，2402.00~2460.00m，正交偏光，×10

图 2-43 玄武岩的长石聚斑结构

结构构造：斑状结构，基质间隐结构。

特征：斜长石斑晶板状、柱状，有聚斑结构，部分斜长石斑晶有绿泥石化并有溶蚀，斜长石斑晶一般 0.01mm×0.03mm。基质：斜长石小柱状、针状，一般 0.001~0.02mm，格架中隐晶质、玻璃质，局部有绿泥石化，见基质斜长石格架中的玻璃质、隐晶质溶蚀形成晶间微孔。

三塘湖盆地，石炭系卡拉岗组，马 19 井，1549.52m，正交偏光，×10

图 2-44 玄武岩的斑状结构

结构构造：斑状结构，基质间粒、间隐结构，岩石块状构造。

特征：斑晶：斜长石、辉石；斜长石为板状、柱状，板状斜长石未见双晶，见有钠长石化，晶体最大 0.4mm×0.5mm，一般 0.2mm×0.3mm，柱状斜长石具有卡式双晶、聚片双晶，晶体一般 0.1mm×0.3mm；辉石粒状，具解理，Ⅰ黄至Ⅱ蓝干涉色，表面新鲜未见蚀变，大小为 0.1mm×0.1mm~0.3mm×0.4mm。

三塘湖盆地，石炭系卡拉岗组，马 19 井，2705.18m，正交偏光，×10

图 2-45 斑状结构玄武岩

结构构造：岩石块状构造，斑状结构，基质间隐、间粒结构。

特征：斑晶：斜长石长板状，自形晶，斑晶大小一般 0.3mm×0.4mm；暗色矿物粒状，多已绿泥石化，0.3~0.4mm。基质：斜长石针状、小柱状，大小 0.02mm×0.1mm；绿泥石主要充填在斜长石格架中、杏仁体内和交代暗色矿物；辉石粒状，粒级 <0.01mm，多充填在基质斜长石格架中。

三塘湖盆地，石炭系卡拉岗组，塘参 3 井，3168.38m，单偏光，×5

图 2-46 玄武岩的基质间隐、间粒结构

结构构造：斑状结构，基质间隐、间粒结构，岩石块状构造。

特征：斑晶：斜长石长板状，自形晶，斑晶大小一般为 0.3mm×0.4mm；暗色矿物粒状，多已绿泥石化，0.3~0.4mm。基质：斜长石针状、小柱状，大小 0.02mm×0.1mm；绿泥石主要充填在斜长石格架中、杏仁体内和交代暗色矿物；辉石粒状，粒级＜0.01mm，多充填在基质斜长石格架中。

三塘湖盆地，石炭系卡拉岗组，塘参 3 井，3168.38m，单偏光，×10

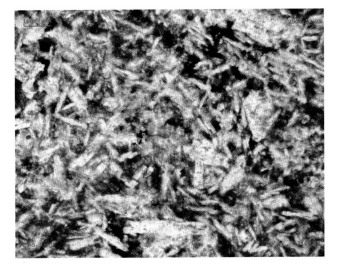

图 2-47 玄武岩中的辉石

特征：粒状，解理发育，局部有绿泥石化。

三塘湖盆地，石炭系卡拉岗组，牛东 9-8 井，1493.55m，正交偏光，×10

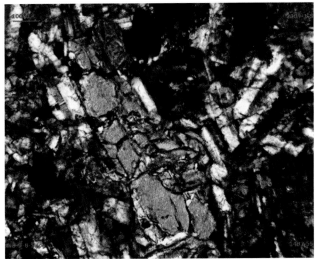

图 2-48 玄武岩中的辉石

特征：辉石为粒状，大者 0.9mm，一般 0.5mm×0.5mm。

三塘湖盆地，石炭系卡拉岗组，牛东 9-8 井，1503.14m，正交偏光，×10

图 2-49 玄武岩中的黑云母

特征：黑云母片状，绿色，有绿泥石化，解理缝发育。

三塘湖盆地，石炭系卡拉岗组，牛东 9-8 井，1503.14m，正交偏光，×10

图 2-50 伊丁石玄武岩基质中的粒状辉石

结构构造：少斑结构，基质交织结构，岩石块状构造。

矿物组成：斑晶：见已完全伊丁石化的橄榄石、辉石假晶，伊丁石含量 25%。基质：斜长石柱状，大小以 0.05mm×0.3mm 为主，含量 52%；绿纤蛇纹石充填在斜长石格架中和气孔内，含量 5%；硅质充填在斜长石格架中，含量 2%；辉石粒状，0.02~0.05mm，部分有伊丁石化，含量 3%；磁铁矿粒状，含量 1%，0.02mm。

三塘湖盆地，石炭系卡拉岗组，牛东 9-8 井，1563.00m，正交偏光，×10

图 2-51 玄武岩的间粒结构

结构构造：斑状结构，基质具间粒、间隐结构，岩石块状构造。

三塘湖盆地，石炭系卡拉岗组，牛东 9-8 井，1531.51m，正交偏光，×10

图 2-52　玄武岩的碎斑结构

结构构造：斑状结构，基质具间粒、间隐结构，岩石块状构造。

三塘湖盆地，石炭系卡拉岗组，牛东 9-8 井，1531.51m，正交偏光，×10

图 2-53　玄武岩中的玻基交织结构

结构构造：少斑结构，基质玻基交织结构，岩石块状构造。

特征：具有伊丁石化、绿纤石化、绿泥石化，见杏仁体。

三塘湖盆地，石炭系卡拉岗组，牛东 9-8 井，1568.42m，单偏光，×10

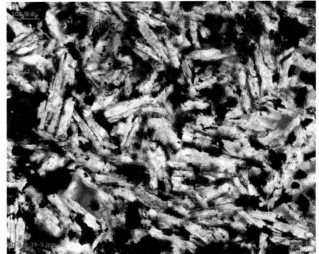

图 2-54　辉石与长石的聚斑结构

岩性：玄武岩。

特征：斜长石柱状、板状，有聚斑结构；辉石粒状，表面新鲜。

三塘湖盆地，石炭系卡拉岗组，牛东 9-8 井，1635.00m，正交偏光，×10

图 2-55　间隐结构

岩性：玄武岩。

结构构造：少斑结构，基质间隐结构。

矿物组成：斑晶：斜长石柱状、板状，有聚斑结构。基质：斜长石针状、小柱状，大小不均，局部有绿纤石化；火山玻璃无色，无光性，但有绿纤石化。

三塘湖盆地，石炭系卡拉岗组，牛东 9-8 井，1664.71m，单偏光，×10

图 2-56　间隐结构

岩性：玄武岩。

结构构造：少斑结构，基质间隐结构。

矿物组成：斑晶：斜长石柱状、板状，有聚斑结构。基质：斜长石针状、小柱状，大小不均；火山玻璃褐色，无光性，局部绿纤石化；辉石粒状。次生蚀变矿物局部见绿纤石、绿泥石。

三塘湖盆地，石炭系卡拉岗组，牛东 9-8 井，1666.15m，单偏光，×10

图 2-57　间粒结构

岩性：伊丁石化玄武岩。

特征：基质：斜长石格架中充填绿纤石、小粒状辉石、磁铁矿。

三塘湖盆地，石炭系卡拉岗组，牛东 9-10 井，1467.37m，单偏光，×10

图 2-58　斑状结构

岩性：伊丁石化玄武岩。

特征：斜长石斑晶板状、基质斜长石粒状，表面有绿纤石化。

三塘湖盆地，石炭系卡拉岗组，牛东 9-10 井，1467.37m，单偏光，×5

图 2-59　斜长石斑晶

岩性：蚀变玄武岩。

特征：斜长石斑晶板状，最大 0.3mm×0.6mm，有聚斑结构，绿纤石化强烈。

三塘湖盆地，石炭系卡拉岗组，牛东 9-10 井，1480.33m，单偏光，×10

图 2-60　羽状雏晶结构

岩性：蚀变玄武岩。

特征：基质：斜长石呈柱状，辉石呈小粒状，玻璃质为基性，呈褐色，无光性，见羽状雏晶。

三塘湖盆地，石炭系卡拉岗组，牛东 9-10 井，1480.33m，单偏光，×20

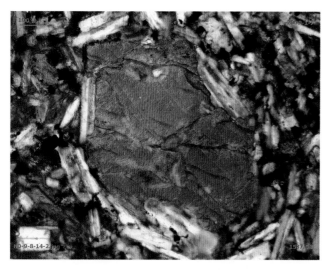

图 2-61　玄武岩的辉石斑晶

结构构造：斑状结构，基质具间粒、间隐结构，岩石块状构造。

特征：辉石粒状，0.08mm，充填在斜长石格架中。

三塘湖盆地，石炭系卡拉岗组，牛东 9-8 井，1537.58m，正交偏光，×10

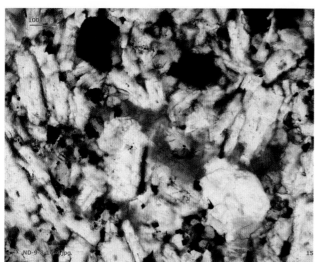

图 2-62　玄武岩的辉石斑晶

结构构造：岩石块状构造，斑状结构，基质具间粒、间隐结构。

矿物组成：斑晶：板状、宽板状斜长石有聚斑和碎斑现象；具伊丁石化、蛇纹石化的粒状橄榄石；粒状、板状辉石。基质：斜长石、辉石、磁铁矿和隐晶质。

特征：玄武岩斜长石格架中隐晶质已绿泥石化。

三塘湖盆地，石炭系卡拉岗组，牛东 9-8 井，1537.58m，单偏光，×10

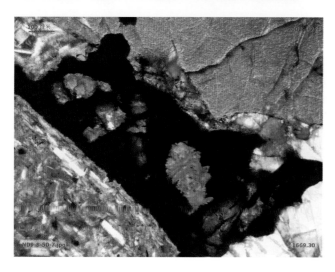

图 2-63　伊丁石

岩性：伊丁石玄武岩。

特征：粒状，为橄榄石蚀变产物。

三塘湖盆地，石炭系卡拉岗组，牛东 9-8 井，1669.30m，正交偏光，×10

图 2-64　橄榄石

岩性：伊丁石玄武岩。

特征：粒状，不规则裂缝发育。

三塘湖盆地，石炭系卡拉岗组，牛东 9-8 井，1669.30m，正交偏光，×10

图 2-65　深灰色安山岩

特征：岩石致密，块状构造，见气孔、杏仁构造，气孔被绿泥石、硅质和碳酸盐充填。

松辽盆地，白垩系营城组，林深 3 井，3566.79m

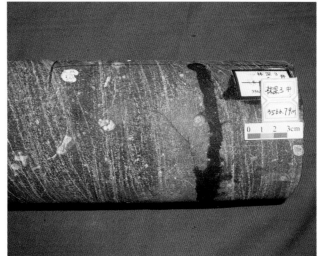

图 2-66　安山岩

结构构造：斑状结构，岩石块状构造。

矿物组成：斑晶：斜长石，发生了程度不一的碳酸盐化和绢云母化，含量10%。基质：交织结构、玻晶交织结构；主要由条状斜长石微晶和火山玻璃组成，部分脱玻化或绿泥石交代。

松辽盆地，白垩系营城组，林深 3 井，3567.12m，单偏光

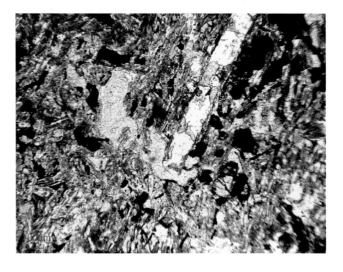

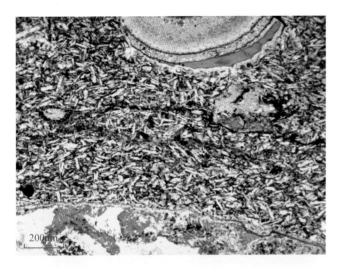

图 2-67　安山岩

结构构造：岩石块状构造。

矿物组成：斑晶：斜长石板条状，发生了程度不一的碳酸盐化。基质：交织结构、玻晶交织结构；主要由条状斜长石微晶和火山玻璃组成。

松辽盆地，白垩系营城组，徐深 13 井，4246.45m，单偏光

图 2-68　玄武质安山岩

结构构造：斑状结构，基质为间粒、间隐结构，块状构造。

矿物组成：斑晶：单斜辉石，呈半自形粒状，含量 15%；粒度大小 0.25~0.5mm，有些辉石斑晶的粒度要大于 1mm；斜长石斑晶，呈自形－半自形长条状，粒度大小 0.5~1mm，一些斑晶粒度大于 2mm，斑晶都被熔蚀。基质：斜长石、单斜辉石、橄榄石，斜长石自形程度高，呈板柱状搭成骨架，长度在 0.05~0.1mm；它形的单斜辉石充填其中。

塔里木盆地，二叠系，胜利 1 井，5248.00m，单偏光，×5

图 2-69　麻点斑状结构

岩性：含角砾玄武安山岩。

特征：磁铁矿呈麻点状分布在基性火山玻璃中，玻璃质略显光性。

三塘湖盆地，石炭系卡拉岗组，牛东 9-10 井，1432.36m，单偏光，×20

图 2-70 安山岩

结构构造：岩石斑状结构，基质玻基交织结构。

矿物组成：含斜长石、伊丁石斑晶，斜长石呈板状，一般大小为 0.2mm × 0.2mm，斜长石格架中充填玻璃质，玻璃质有伊丁石化，格架中见残留沥青。

蚀变特征：斜长石格架玻璃质，有伊丁石化。

三塘湖盆地，石炭系卡拉岗组，方 1 井，1179.54m，单偏光，× 5

图 2-71 粗安岩

松辽盆地，侏罗系火石岭组，城深 3 井，1983.00m，正交偏光，× 4

图 2-72 粗安岩

松辽盆地，侏罗系火石岭组，城深 3 井，1983.00m，单偏光，× 4

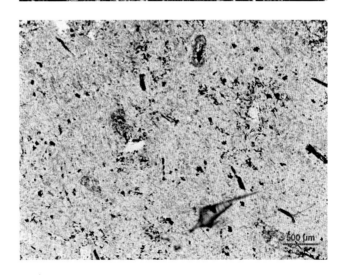

图 2-73 安山岩的暗色矿物、长石斑晶伊丁石化

结构构造：斑状结构，基质玻基交织结构。

矿物组成：含斜长石、伊丁石斑晶，斜长石呈板状，一般大小为 0.2mm×0.2mm，斜长石格架中充填玻璃质，玻璃质有伊丁石化，格架中见残留沥青。

三塘湖盆地，石炭系卡拉岗组，方 1 井，1179.54m，正交偏光，×10

图 2-74 杏仁状安山岩

结构构造：斑状结构，基质交织结构，岩石杏仁状构造。

特征：岩石具绿纤石化、绿泥石化；杏仁体内浊沸石充填，残留孔。

三塘湖盆地，石炭系卡拉岗组，牛东 9-8 井，1620.54m，单偏光，×2.5

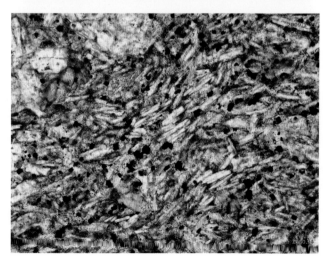

图 2-75 玻基交织结构

岩性：安山岩。

结构构造：少斑结构，基质玻基交织结构，岩石块状状构造。

三塘湖盆地，石炭系卡拉岗组，牛东 9-8 井，1650.94m，单偏光，×10

图 2-76 安山岩的玻基交织结构

结构构造：斑状结构，基质玻基交织结构，岩石块状构造。

矿物组成：斑晶：斜长石板条状，部分有碳酸盐化和绢云母化，含量10%。基质：玻基交织结构，由条状斜长石微晶和火山玻璃组成，部分火山玻璃已脱玻化，有的被绿泥石交代，长石微晶具较好的定向性。

松辽盆地，白垩系营城组，徐深13井，4249.44m，正交偏光

图 2-77 英安岩

结构构造：斑状结构，岩石块状构造。

矿物组成：斑晶：灰白色斜长石、肉红色钾长石和无色－烟灰色石英为主，暗色矿物为黑云母，部分黑云母具暗化边，甚至完全暗化，含量7%~30%。基质：霏细结构，含少量尘点状磁铁矿。

松辽盆地，白垩系营城组，林深3井，3566.07m，单偏光

图 2-78 英安岩

特征：灰白色斜长石斑晶，碳酸盐化、钠长石化。

松辽盆地，白垩系营城组，林深3井，3953.12m，单偏光

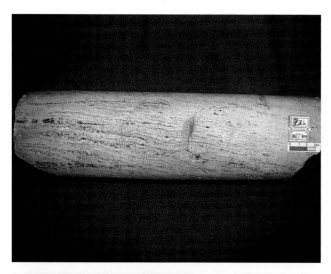

图 2-79 流纹岩

特征：灰白色、流纹构造，微气孔发育，气孔沿流纹构造定向排列。

松辽盆地，白垩系营城组，肇深 6 井，3577.30m

图 2-80 流纹岩

结构构造：斑状结构，岩石块状构造。

矿物组成：斑晶：白色石英、暗色矿物少见。基质：霏玻璃质基质大部分已脱玻化成长英质物质。

松辽盆地，白垩系营城组，徐深 1 井，3448.53m，流纹岩中的石英斑晶，单偏光

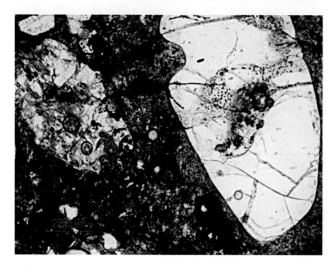

图 2-81 流纹岩

结构构造：斑状结构，块状构造。

矿物组成：斑晶中的石英含量为 15%，且边界被熔蚀，裂隙发育，粒度大小 0.2~0.5mm；长石含量为 5%，外形不规则，裂隙发育。基质：隐晶质－微晶长石、石英，含少量磁铁矿及金红石。

蚀变特征：长石发生蚀变，被黏土矿物取代。

塔里木盆地，二叠系，满西 1 井，3974.00m，单偏光，×5

图 2-82　气孔流纹岩

特征：流纹构造，微气孔发育，气孔沿流纹构造定向排列。

松辽盆地，白垩系营城组，徐深 13 井，3960.87m，单偏光

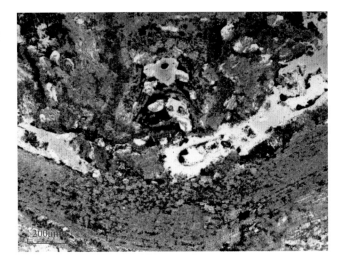

图 2-83　球粒流纹岩

特征：球粒大小在 5mm 左右，球粒中部环带的颜色为深褐色，外部为浅棕色，具放射状。

松辽盆地，白垩系营城组，徐深 15 井，3451.00m，单偏光

图 2-84　流纹质火山集块岩

特征：集块和角砾大小在 0.5~40cm，主要成分为灰白色流纹岩、凝灰质流纹岩，填隙物多为凝灰质物和火山尘以及棕红色钙质泥岩、凝灰质泥质物。

松辽盆地，白垩系营城组，升深 2-7 井，3021.00m

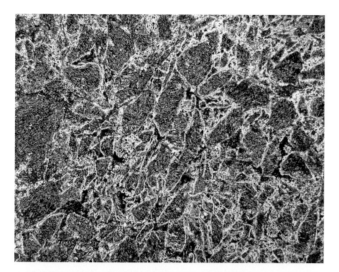

图 2-85　玄武质隐爆角砾岩

结构构造：火山角砾结构，凝灰质结构，岩石块状构造。

主要成分：火山角砾以玄武岩为主，胶结物为硅质，岩石有铁质浸染，见褐铁矿；最大角砾5mm×8mm，角砾含量60%，硅质含量25%，褐铁矿含量5%；火山灰、火山玻璃含量66%，晶屑含量20%，岩屑含量10%，磁铁矿含量2%；裂缝发育。

三塘湖盆地，石炭系卡拉岗组，马19井，2434.42m，单偏光，×1.25

图 2-86　玄武质隐爆角砾岩中角砾成分为具交织结构的玄武岩

三塘湖盆地，石炭系卡拉岗组，马19井，2434.42m，正交偏光，×5

图 2-87　流纹质隐爆角砾岩

特征：灰色，隐爆角砾结构，角砾呈棱角状，裂缝发育。

松辽盆地，白垩系营城组，徐深12井，3667.31m

图 2-88　流纹质隐爆角砾岩

特征：灰紫色，裂缝中充填原地角砾和褐色岩汁，原岩为具变形流纹构造流纹岩。

松辽盆地，白垩系营城组，徐深 9 井，3771.26m

图 2-89　玄武质火山角砾岩

结构构造：火山角砾结构，岩石块状构造。

特征：角砾多呈不规则状，成分主要为玄武质岩石；胶结物为火山灰，后方沸石化，边缘绿泥石化。

三塘湖盆地，石炭系卡拉岗组，牛东 9-10 井，1425.14m，单偏光，×5

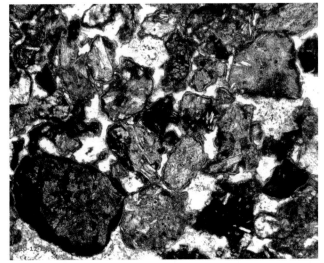

图 2-90　玄武质火山角砾岩

结构构造：火山角砾结构，岩石块状构造。

矿物组成：岩石局部热液浸染有伊利石化、绿泥石化。角砾成分复杂，见玻基玄武岩、玄武岩、杏仁状玄武岩，含量 90%；胶结物火山灰含量 8%，有绿泥石化、沸石化；岩石早期溶孔、溶缝被方沸石充填。

三塘湖盆地，石炭系卡拉岗组，牛东 9-10 井，1484.31m，单偏光，×5

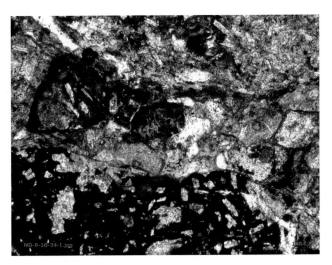

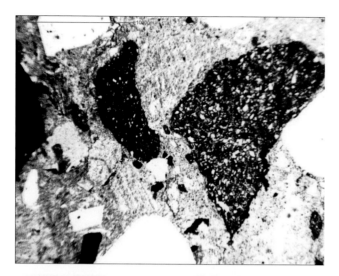

图 2-91　玄武质火山角砾岩

特征：火山角砾结构，玄武岩角砾；填隙物主要为由微晶石英、长石、细小的火山尘。

松辽盆地，白垩系营城组，徐深 42 井，3782.66m，单偏光

图 2-92　安山质火山角砾岩

结构构造：火山角砾结构、凝灰质结构，岩石块状构造。

矿物组成：火山角砾以安山岩为主，胶结物为凝灰质，岩石有铁质浸染，见褐铁矿；最大角砾 8mm×5mm；角砾含量 60%，凝灰质含量 25%，褐铁矿含量 5%；火山灰、火山玻璃含量 66%，晶屑含量 20%，岩屑含量 10%，磁铁矿含量 2%。

三塘湖盆地，石炭系卡拉岗组，马 19 井，2432.33m，单偏光，×1.25

图 2-93　流纹质火山角砾岩

结构：角砾成分以流纹岩为主；填隙物主要为中酸性喷发岩岩屑及火山尘集合体组成。

特征：岩石呈紫红、暗紫色，块状，具火山角砾。

松辽盆地，白垩系营城组，升深更 2 井，2902.06m

图 2-94 流纹质火山角砾岩

特征：角砾成分复杂，以具有流纹构造的流纹岩为主，其次见气孔玄武安山岩、变质岩等。

松辽盆地，白垩系营城组，徐深 602 井，4023.00m。

图 2-95 流纹质火山角砾岩

结构构造：火山角砾结构，角砾胶结物为绿泥石化的火山灰。

矿物组成：火山角砾的含量为 40%，最大 2.5mm×3mm，一般 2~3mm，<2mm 颗粒含量 30%；主要为酸性喷出岩、聚片双晶发育的宽板状状斜长石、凝灰岩；填隙物是被绿泥石化、硅化、碳酸盐化的火山灰，绿泥石含量 13%、硅质含量 8% 和方解石 5%。

三塘湖盆地，石炭系卡拉岗组，方 1 井，2549.17m，正交偏光，×1.25

图 2-96 流纹质火山角砾岩中的撕裂状浆屑

特征：浆屑呈撕裂状、纺锤状，已绢云母化、硅化。

三塘湖盆地，石炭系卡拉岗组，汉 1 井，3722.35m，单偏光，×2.5

图 2-97 流纹质火山角砾岩

结构构造：火山角砾结构。

矿物组成：火山角砾最大 3.5mm×10mm，主要成分为酸性喷出岩、石英岩；晶屑主要为宽板状斜长石；浆屑撕裂状、纺锤状，已绢云母化、硅化。

蚀变特征：蚀变较强，具有碳酸盐化、高岭土化。

三塘湖盆地，石炭系卡拉岗组，汉 1 井，3722.35m，单偏光，×2.5

图 2-98 凝灰岩

结构构造：凝灰结构，块状构造。

矿物组成：晶屑含石英、长石，多呈不规则状，晶屑矿物颗粒细小，含量较少，火山灰为黄褐-红褐色微粒，蚀变为黏土矿物，形状不规则，可见斜长石、石英微晶矿物颗粒，表明属中酸性火山灰。

蚀变特征：长石有轻微后期蚀变，局部被黏土矿物取代；火山灰普遍黏土化。

塔里木盆地，二叠系，哈得 1 井，4269.00m，单偏光，×10

图 2-99 凝灰岩

结构构造：凝灰结构，块状构造。

矿物组成：晶屑以石英为主，颗粒细小；长石呈长条状，还含少量云母。玻屑：红褐、深黑褐色，形状不规则，局部见微小斜长石、石英矿物颗粒结晶，表明属中酸性岩浆玻屑。

蚀变特征：长石有轻微后期蚀变，局部被黏土矿物取代；玻屑有脱玻化现象。

塔里木盆地，二叠系，满西 1 井，3593.00m，单偏光，×20

图 2-100　凝灰岩

结构构造：凝灰结构，块状构造。

矿物组成：晶屑以石英为主，颗粒细小，形状不规则，棱角分明；还含有长石。岩屑见少量流纹岩岩屑；火山灰蚀变为红褐色黏土矿物集合体，局部见微小斜长石、石英矿物颗粒结晶，表明属中酸性岩浆玻屑。

蚀变特征：长石有轻微后期蚀变，局部被黏土矿物取代；玻屑有脱玻化现象。

塔里木盆地，二叠系，满西 2 井，4280.00m，单偏光，×10

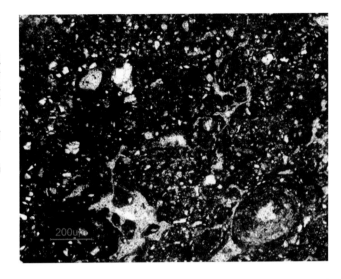

图 2-101　凝灰岩

结构构造：凝灰结构，块状构造。

矿物组成：晶屑以石英为主，晶屑矿物多呈不规则状、碎裂状颗粒，颗粒大小不一；可见火焰状玻屑。

蚀变特征：长石发生轻微后期蚀变，局部被黏土矿物取代；玻屑有脱玻化现象。

塔里木盆地，二叠系，塔中 122 井，4924.00m，单偏光，×10

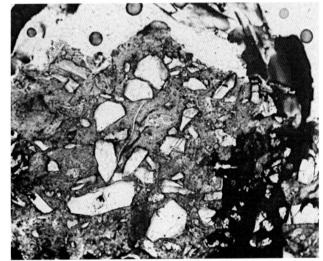

图 2-102　凝灰岩

结构构造：凝灰质结构，岩石块状构造。

矿物组成：岩屑：杏仁状褐色玻基玄武岩岩屑粒状、角砾状，大者 2mm×3mm，一般为 0.3mm×0.5mm，含量 25%；熔结凝灰岩岩屑具凝灰质熔结结构，含杏仁体成分沸石，含量 6%；浆屑褐色，隐晶质，隐约可见细小斜长石晶体，含量 4%。晶屑：含斜长石、粒状辉石。玻屑：不规则状，无光性，有的略显光性，含量 3%。胶结物为火山灰有铁染褐绢云母化，含量 50%。

三塘湖盆地，石炭系卡拉岗组，牛东 9-10 井，1419.02m，单偏光，×10

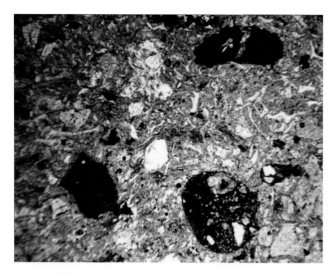

图 2-103 凝灰岩

特征：碎屑物主要由晶屑、岩屑、玻屑组成。晶屑成分主要为石英、碱性长石、斜长石，呈棱角 - 次棱角状，部分长石晶屑溶蚀、交代；岩屑为火山岩碎屑，多为次棱角 - 次圆状；玻屑呈凹面棱角状。

松辽盆地，白垩系营城组，徐深 25 井，4132.62m，单偏光

图 2-104 玻屑凝灰岩

结构构造：凝灰质结构，岩石块状构造。

矿物组成：岩屑：玻基玄武岩岩屑粒状，大小 0.3mm，含量 20%。晶屑：辉石粒状，大小 0.1mm，含量 1%；玻屑粒状，有弱脱玻现象，略显光性，含量 50%。胶结物为伊利石化火山灰片状，充填在岩屑、玻屑间，含量 15%；铁质多以胶结物形式分布，含量 10%；方沸石充填粒间，含量 4%。

三塘湖盆地，石炭系卡拉岗组，牛东 9-10 井，1449.86m，单偏光，×10

图 2-105 晶屑凝灰岩

结构构造：凝灰质结构，具有文层结构，岩石块状构造。

主要成分：火山灰、火山玻璃、岩屑、晶屑，局部脱玻呈硅质。

三塘湖盆地，石炭系卡拉岗组，马 19 井，2431.50m，单偏光，×5

图 2-106　玄武质岩屑凝灰岩

结构构造：凝灰质熔结结构，岩石块状构造。

矿物组成：岩屑主要为结晶大小不等的褐色玄武岩岩屑，大者 0.8mm×1mm，一般 0.4mm×0.5mm；晶屑主要为宽板状斜长石；熔结物为绿泥石化的火山熔浆，见小的斜长石晶体，绿泥石化明显。

储集特征：岩石有溶蚀，形成的微裂缝溶蚀有加宽缝宽 0.01~0.02m。

三塘湖盆地，石炭系卡拉岗组，牛东 9-8 井，1501.70m，单偏光，×10

图 2-107　玄武质岩屑凝灰岩

结构构造：凝灰质结构，岩石块状构造，凝灰质成分较单一，以玻基玄武岩为主。

矿物组成：岩屑：其中所含玄武岩多为褐红色玻基（铁质氧化），0.2~0.3mm，含量 80%。晶屑：斜长石柱状，含量 2%。胶结物：火山玻璃，无色，无光性，有脱玻现象，见有绿泥石化或形成细小的斜长石，含量 15%。

三塘湖盆地，石炭系卡拉岗组，牛东 9-8 井，1570.65m，单偏光，×10

图 2-108　玄武质岩屑凝灰岩

结构构造：凝灰质结构，岩石块状构造。

矿物组成：岩石绿纤石化强烈。岩屑多为绿纤石化的玄武岩岩屑，粒状，大小 0.2mm，含量 80%；玻屑粒状，略显光性，大小 0.1~0.2mm，含量 4%；晶屑为小柱状斜长石，0.02mm×0.2mm，含量 1%；辉石为粒状，0.2mm，表面新鲜，含量 1%；胶结物被绿泥石化、绿纤石化，胶结物含量含量 14%。

三塘湖盆地，石炭系卡拉岗组，牛东 9-8 井，1600.13m，单偏光，×10

图 2-109　玄武质岩屑凝灰岩

结构构造：凝灰质结构，岩石块状构造。

矿物组成：岩屑：多为绿纤石化的玄武岩岩屑，粒状，大小 0.2~0.3mm，含量 80%；玻屑粒状，略显光性，大小 0.1~0.2mm，含量 4%；晶屑：小柱状斜长石，0.1mm×0.2mm，含量 5%；辉石粒状，0.2mm×0.3mm，表面新鲜，含量 1%；胶结物被绿泥石化、绿纤石化，胶结物含量 10%。

三塘湖盆地，石炭系卡拉岗组，牛东 9-8 井，1600.61m，单偏光，×10

图 2-110　流纹质凝灰岩

结构构造：火山凝灰质结构。

矿物组成：岩屑主要为凝灰岩岩屑，有碳酸盐化，酸性岩岩屑含量 25%；晶屑主要为宽板状斜长石，双晶及裂纹发育，蚀变较轻，晶屑含量 20%；熔结物为火山灰但绢云母化、硅化强烈，含量 50%。

三塘湖盆地，石炭系卡拉岗组，汉 1 井，3459.33m，单偏光，×10

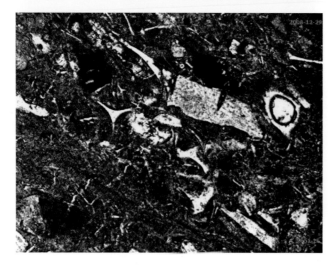

图 2-111　流纹质玻屑凝灰岩

结构构造：玻屑凝灰质结构。

矿物组成：见凝灰岩岩屑、硅质岩屑、含量 10%；晶屑主要为宽板状斜长石，聚片双晶发育；玻屑呈鸡爪状、针状，半圆状，均已硅化；填隙物为火山灰，弱光性，有绿泥石化。

三塘湖盆地，石炭系卡拉岗组，方 1 井，2551.15m，单偏光，×10

图 2-112　流纹质晶屑凝灰岩

结构构造：晶屑凝灰质结构。

矿物组成：见凝灰岩岩屑、硅质岩屑、安山岩岩屑，大小一般 <1mm，最大 1.5mm×2mm；晶屑主要为宽板状斜长石、少量辉石，聚片双晶发育；填隙物为火山灰，无光性。

三塘湖盆地，石炭系卡拉岗组，方 1 井，3108.34m，单偏光，×2.5

图 2-113　岩屑凝灰岩

结构：凝灰质结构，碳质沥青填充。

辽河油田，欧 29 井，2489.81m，单偏光，×2.5

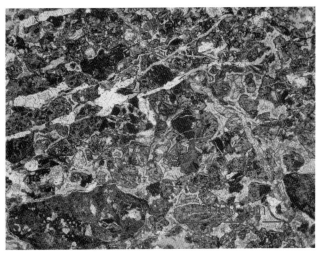

图 2-114　玄武质熔结凝灰岩

特征：褐色玻基玄武岩岩屑，粒状大小不等，粒状碳酸盐岩屑，有一定圆度，熔结物为铁质浸染的火山熔浆。

三塘湖盆地，牛东 9-10 井，1416.80m，单偏光，×10

图 2-115　沸石化凝灰岩

结构构造：凝灰质结构，岩石块状构造。

矿物组成：岩屑：玻基玄武岩岩屑粒状，大小 0.3mm，岩屑中的斜长石斑晶多已沸石化，含量 30%；沸石化岩屑粒状，0.5~1mm，原始结构改造，仅见残余蚀变后的斜长石斑晶，含量 44%。晶屑：柱状斜长石，多被沸石化，仅见少量斜长石呈残余状，含量 2%。胶结物为伊利石化火山灰片状，充填在岩屑、玻屑间，含量 10%；铁质多以胶结物形式分布，含量 8%；方沸石充填粒间，含量 6%。

三塘湖盆地，石炭系卡拉岗组，牛东 9-10 井，1449.86m，单偏光，×10

图 2-116　绿泥石化凝灰岩

结构构造：凝灰质结构，岩石块状构造。

矿物组成：岩屑：玻基玄武岩岩屑、玄武岩粒状，大小 0.1~0.2mm，含量 67%，绿泥石化强烈；晶屑：斜长石柱状、板状，含量 4%；胶结物：绿泥石化火山灰以胶结物形式分布，并交代岩屑，含量 25%；浊沸石充填粒间，含量 3%。

三塘湖盆地，石炭系卡拉岗组，牛东 9-10 井，1457.65m，单偏光，×10

图 2-117　玄武质岩屑凝灰岩的熔浆胶结

结构构造：凝灰质熔结构，岩石块状构造。

特征：绿泥石化的火山熔浆，见小的斜长石晶体，绿泥石化明显。

三塘湖盆地，石炭系卡拉岗组，牛东 9-8 井，1501.70m，正交偏光，×10

图 2-118　变形的塑性玄武岩岩屑

岩性：铁染玄武质熔结凝灰岩。

特征：褐色玻基玄武岩岩屑，粒状，大小不等。

三塘湖盆地，石炭系卡拉岗组，牛东 9-10 井，1416.80m，单偏光，×10

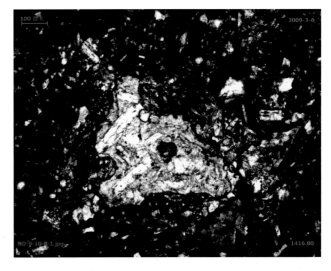

图 2-119　凝灰岩中石英晶屑

特征：白色石英晶屑，呈棱角状，石英表面裂缝发育。

松辽盆地，白垩系营城组，徐深 13 井，单偏光

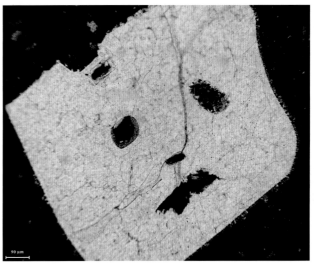

图 2-120　玄武质岩屑凝灰岩的层理

结构构造：凝灰质结构，具层理，岩石块状构造。

矿物组成：岩屑多为褐色、浅褐色玻基玄武岩，少量安山岩岩屑，粒级 0.2~0.3mm，含量 76%。晶屑为石英粒状，0.2mm×0.3mm，含量 2%；斜长石柱状，含量 3%；胶结物为火山玻璃，无色，无光性，有硅化或转化为黏土矿形成绿泥石、绢云母。

三塘湖盆地，石炭系卡拉岗组，牛东 9-8 井，1576.00m，单偏光，×1.25

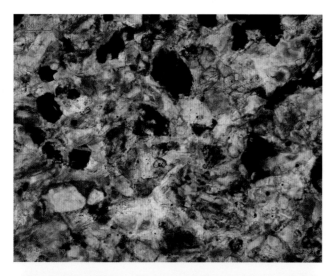

图 2-121 玻屑凝灰岩的粒状玻屑

结构构造：凝灰质结构，岩石块状构造。

矿物组成：岩屑多为褐色、浅褐色玻基玄武岩，少量安山岩岩屑，粒级 0.1~0.2mm，含量 30%。晶屑为石英粒状，大小 0.1mm×0.2mm，含量 2%；斜长石为柱状，0.02mm×0.05mm，含量 3%。玻屑为粒状，0.1mm 左右，无光性或已绿纤石、绿泥石化，含量 44%。胶结物为火山玻璃，无色，无光性，有转化为黏土矿物，形成绿泥石、绿纤石、绢云母，含量 15%。

三塘湖盆地，石炭系卡拉岗组，牛东 9-8 井，1582.65m，单偏光，×10

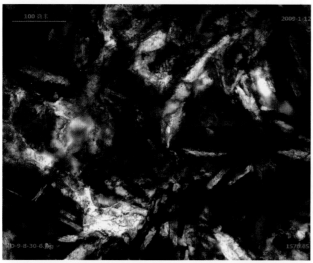

图 2-122 火山玻璃

岩性：玄武质岩屑凝灰岩。

特征：胶结物为火山玻璃，无色，无光性，有脱玻现象，见有绿泥石化，或形成细小的斜长石。

三塘湖盆地，石炭系卡拉岗组，牛东 9-8 井，1570.65m，单偏光，×20

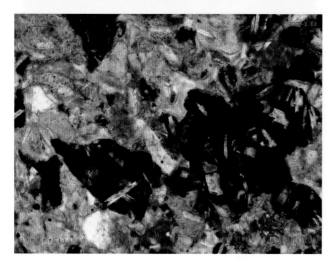

图 2-123 火山玻璃和玻基玄武岩岩屑

岩性：玄武质岩屑凝灰岩。

特征：胶结物为火山玻璃，无色，无光性，有绿泥石化，或形成细小的斜长石。

三塘湖盆地，石炭系卡拉岗组，牛东 9-8 井，1576.00m，单偏光，×10

图 2-124　火山玻璃和黏土矿物

岩性：玻屑凝灰岩。

特征：胶结物为火山玻璃和黏土矿物，火山玻璃无色、无光性，有转化为黏土矿物，形成绿泥石、绿纤石、绢云母。

三塘湖盆地，石炭系卡拉岗组，牛东 9-8 井，1582.65m，单偏光，×10

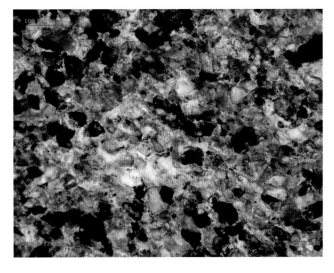

图 2-125　玻屑凝灰岩的粒状玻屑

结构构造：凝灰质结构，岩石块状构造。

矿物组成：岩屑多为褐色、浅褐色玻基玄武岩，少量安山岩岩屑，粒级 0.1~0.2mm，含量 30%。晶屑为石英粒状，大小 0.1mm×0.2mm，含量 2%；斜长石为柱状，0.02mm×0.05mm，含量 3%。玻屑为粒状，0.1mm 左右，无光性或已绿纤石化、绿泥石化，含量 44%。胶结物为火山玻璃，无色，无光性，有转化为黏土矿物，形成绿泥石、绿纤石、绢云母，含量 15%。

三塘湖盆地，石炭系卡拉岗组，牛东 9-8 井，1582.65m，单偏光，×10

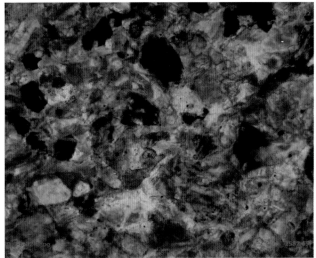

图 2-126　凝灰岩，火焰状玻屑

结构构造：凝灰结构、块状构造，成层性不明显。

矿物组成：晶屑以石英为主，有少量斜长石；石英多碎裂成不规则状，或发育裂纹；玻屑为浅色，呈火焰状，局部见斜长石、石英微晶矿物颗粒，表明属中酸性岩玻屑。

蚀变特征：长石有轻微后期蚀变，局部被黏土矿物取代；玻屑脱玻化现象不明显。

塔里木盆地，二叠系，阿满 1 井，4876.00m，单偏光，×20

图 2-127 凝灰岩，铁染强烈

结构构造：凝灰质结构，岩石块状构造。

矿物组成：岩屑主要为玄武岩，少量凝灰岩均铁染强烈，大小 0.2mm×0.3mm～0.3mm×0.5mm，含量 30%；晶屑为斜长石，柱状、板状 0.01mm×0.02mm～0.2mm×0.4mm 含量 10%；胶结物为火山灰多已铁染或有绿泥石化，含量 40%。

三塘湖盆地，石炭系卡拉岗组，牛东 9-8 井，1515.44m，单偏光，×10

图 2-128 火山玻璃胶结，有硅化

岩性：玄武质岩屑凝灰岩。

三塘湖盆地，石炭系卡拉岗组，牛东 9-8 井，1600.61m，正交偏光，×10

图 2-129 绢云母化凝灰岩

结构构造：凝灰质结构，岩石块状。

矿物组成：岩屑：褐色玻基玄武岩岩屑，粒状大小，一般 0.5mm×0.3mm，含量 14%；浆屑褐色，隐晶质，隐约可见细小斜长石晶体，含量 20%。晶屑主要为斜长石晶屑、石英晶屑，粒级 0.1～0.2mm，晶屑含量 10%。玻屑不规则状，无光性，有的略显光性，含量 5%。胶结物为绢云母化的火山灰，含量 50%。

三塘湖盆地，石炭系卡拉岗组，牛东 9-10 井，1418.62m，正交偏光，×10

图 2-130　浆屑

岩性：绢云母化凝灰岩。

特征：浆屑为褐色，隐晶质，隐约可见细小斜长石晶体。

三塘湖盆地，石炭系卡拉岗组，牛东 9-10 井，1416.80m，正交偏光，×10

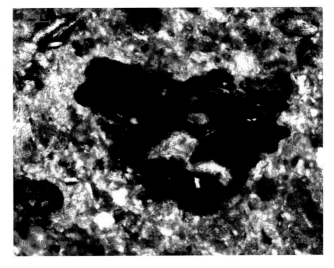

图 2-131　杏仁状玄武岩岩屑

岩性：凝灰岩。

特征：岩屑：褐色粒状玻基玄武岩，杏仁体发育。

三塘湖盆地，石炭系卡拉岗组，牛东 9-10 井，1419.02m，单偏光，×10

图 2-132　熔结凝灰岩岩屑

岩性：凝灰岩。

特征：岩屑：熔结凝灰岩，具凝灰质熔结结构，含杏仁体，成分为方沸石。

三塘湖盆地，石炭系卡拉岗组，牛东 9-10 井，1419.02m，单偏光，×2.5

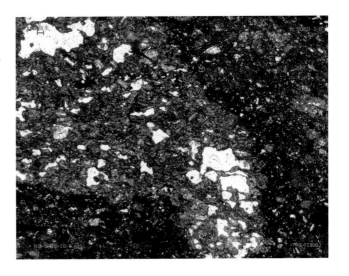

图 2-133　熔结凝灰岩岩屑

岩性：凝灰岩。

特征：岩屑：玄武质熔结凝灰岩，具凝灰质熔结结构，含杏仁体，成分为绿泥石；原始熔结物被方沸石、绿泥石交代，呈残留状。

三塘湖盆地，石炭系卡拉岗组，牛东 9-10 井，1421.19m，单偏光，×5

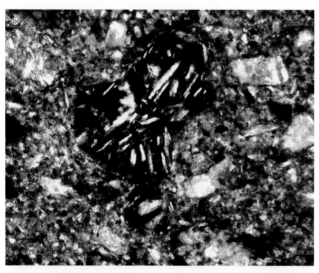

图 2-134　铁染玄武质岩屑凝灰岩

结构构造：凝灰结构，岩石块状构造。

矿物组成：岩屑主要为铁染玄武岩；晶屑主要为斜长石，柱状，大小为 0.01mm×0.02mm，含量 5%；胶结物主要为铁染强烈的火山灰，含量 85%。

特征：岩石铁染强烈，主要粒级 0.01~0.02mm，岩石有碳酸盐化。

三塘湖盆地，石炭系卡拉岗组，牛东 9-8 井，1539.88m，正交偏光，×5

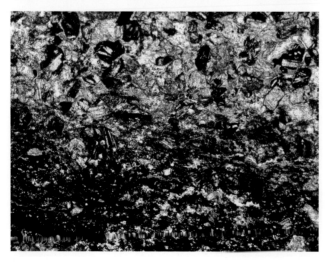

图 2-135　玄武质凝灰岩、泥岩

特征：岩石一部分为凝灰质结构，另一部分为泥质结构。凝灰岩为粒状，最大粒级 0.4mm，凝灰质含量 70%，胶结物含量 30%，胶结物成分主要为黏土化的火山灰。泥岩部分为粒级 <0.01mm 的晶屑和铁染泥质。

三塘湖盆地，石炭系卡拉岗组，牛东 9-8 井，1545.64m，单偏光，×5

图 2-136　凝灰质泥岩

结构构造：泥质结构，岩石块状构造。

矿物组成：微细小的晶屑、玻屑、岩屑及黏土矿物。

特征：粒级 <0.03mm，>0.03mm 颗粒含量 3%。

三塘湖盆地，石炭系卡拉岗组，牛东 9-8 井，1550.01m，正交偏光，×10

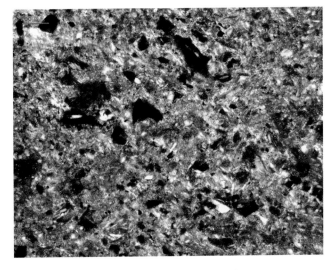

图 2-137　凝灰质泥岩

结构构造：凝灰质结构，岩石块状构造。

矿物组成：细小的晶屑、玻屑、岩屑及黏土矿物。

特征：岩石具有层理，有粒级变化，呈层状。

三塘湖盆地，石炭系卡拉岗组，牛东 9-8 井，1552.73m，单偏光，×10

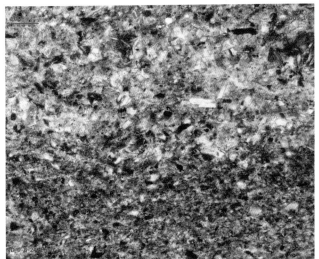

图 2-138　凝灰岩与凝灰质泥岩接触

岩性：玄武质岩屑凝灰岩。

特征：岩石绿纤石化强烈；凝灰岩中夹凝灰质泥岩，接触面界限明显。

三塘湖盆地，石炭系卡拉岗组，牛东 9-8 井，1600.13m，单偏光，×10

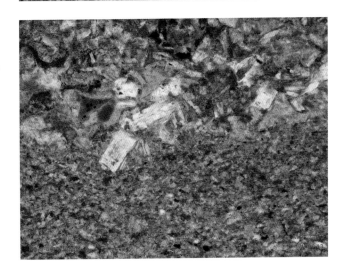

图 2-139　含角砾蚀变凝灰岩

结构构造：凝灰质结构，含角砾，岩石块状构造。

矿物组成：角砾成分安山质凝灰岩、玻基玄武岩，含量 25%；胶结物的火山灰含量 74%，有绿泥石化，伊利石化。

特征：局部热液浸染蚀变，蚀变强处伊利石化、绿泥石化强烈，弱处火山灰伊利石、绿泥石含量低。

三塘湖盆地，石炭系卡拉岗组，牛东 9-10 井，1493.38m，单偏光，×5

图 2-140　火山灰脱玻化

岩性：含角砾蚀变凝灰岩。

特征：火山灰脱玻，见小的斜长石雏晶。

三塘湖盆地，石炭系卡拉岗组，牛东 9-10 井，1493.38m，单偏光，×20

图 2-141　凝灰岩与蚀变玄武岩接触

特征：凝灰岩成分主要为粒级 0.1~0.2mm 的岩屑、晶屑、伊利石及黏土矿物，凝灰岩溶孔有方沸石充填；蚀变玄武岩受热液蚀变较强，见绿泥石、绿纤石等蚀变矿物，呈弯曲条带状分布，似流动构造。

三塘湖盆地，石炭系卡拉岗组，牛东 9-10 井，1496.50m，单偏光，×5

图 2-142　粗安质角砾熔岩

特征：碎屑熔结结构。

松辽盆地，侏罗系火石岭组，王府 1 井，3230.00~
3230.10m，正交偏光，×10

图 2-143　粗安质角砾熔岩

特征：碎屑熔结结构。

松辽盆地，侏罗系火石岭组，王府 1 井，3230.00~
3230.10m，单偏光，×10

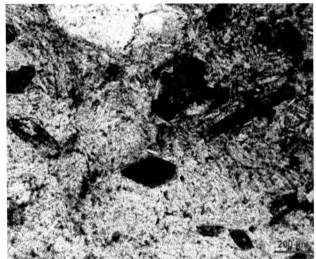

图 2-144　流纹质火山角砾熔岩

特征：灰红色，角砾含量 30%~35%，角砾成分为
棕红色凝灰质泥岩、泥岩、灰白色凝灰岩，填隙物
为灰白色流纹质凝灰岩和流纹岩。

松辽盆地，白垩系营城组，古深 1 井，4488.92m

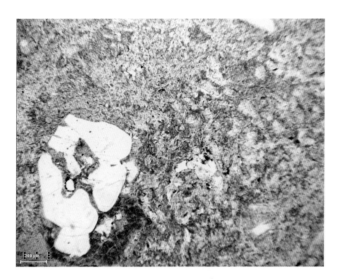

图 2-145　凝灰熔岩

结构构造：具凝灰熔岩结构，块状。

特征：主要由晶屑、岩屑组成，粒度一般小于 2mm，少量在 2~5mm，呈棱角状。晶屑主要包括钾长石、斜长石、石英，石英溶蚀成港湾状。

松辽盆地，白垩系营城组，徐深 13 井，单偏光

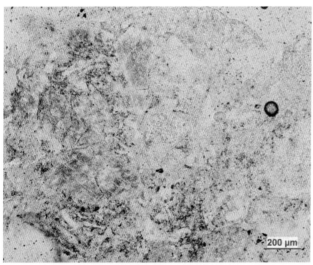

图 2-146　流纹质凝灰熔岩

特征：火山碎屑结构，块状，基质支撑。

松辽盆地，侏罗系火石岭组，德深 12 井，3066.00m，单偏光，×10

图 2-147　熔结火山角砾岩

结构构造：火山熔结角砾结构，岩石块状构造。

特征：塑性火山灰胶结已向黏土转化。

三塘湖盆地，石炭系卡拉岗组，牛东 9-8 井，1527.82m，单偏光，×10

图 2-148　熔结火山角砾岩

结构构造：火山熔结角砾结构，岩石块状构造。

特征：岩石中角砾成分主要为两种结构存在差异的玄武岩，一种玄武岩斜长石间铁质充填，另一种玄武岩长石间针状矿物充填；含铁质高的玄武岩有被破碎现象，少量泥质呈灌入状。

三塘湖盆地，石炭系卡拉岗组，牛东 9-8 井，1527.82m，单偏光，×5

图 2-149　熔结火山角砾岩

结构构造：火山熔结角砾结构，岩石块状构造。

特征：玄武岩角砾的长石间可见晶间针状矿物充填。

三塘湖盆地，石炭系卡拉岗组，牛东 9-8 井，1527.82m，单偏光，×10

图 2-150　玄武质熔结火山角砾岩中胶结物长石的流动构造

结构构造：熔结角砾结构，岩石块状构造。

矿物组成：最大粒级 4mm×6mm，一般粒级 0.2~0.4mm，角砾含量 40%，凝灰质含量 20%。角砾主要为铁染玄武岩、杏仁状玄武岩、凝灰岩岩屑，胶结物主要为黏土化的火山玻璃和火山灰，见绿泥石化、水云母化。

特征：胶结物长石有流动构造。

三塘湖盆地，石炭系卡拉岗组，牛东 9-8 井，1541.73m，正交偏光，×10

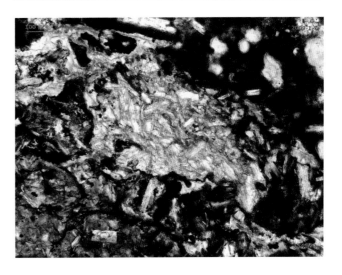

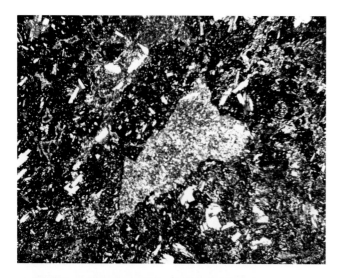

图 2-151　安山质熔结角砾岩

结构构造：熔结角砾结构，岩石块状构造。

矿物组成：熔结部分为浅灰色，角砾成分与熔结成分相近，为安山质具交织结构；火山角砾颜色为深灰色，成分为安山质具交织结构，铁质含量较高，杏仁体较多，杏仁体成分绿泥石；熔结部分颜色较角砾浅，呈交织结构，杏仁体很少。

三塘湖盆地，石炭系卡拉岗组，塘参3井，3402.35m，正交偏光，×1.25

图 2-152　安山质熔结角砾岩的流动构造

结构构造：熔结角砾结构，流动构造，岩石块状构造。

特征：熔结部分为浅灰色，角砾成分与熔结成分相近，为安山质具交织结构。流动构造明显。

三塘湖盆地，石炭系卡拉岗组，塘参3井，3402.35m，单偏光，×10

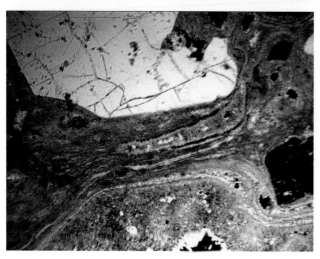

图 2-153　熔结凝灰岩，假流动构造

结构构造：熔结凝灰结构，假流动构造。

特征：塑性玻屑和刚性晶屑组成，晶屑呈棱角状、裂缝发育；塑性玻屑具有较好的定向性，被压扁拉长，呈透镜状、条带状，绕过刚性晶屑颗粒显假流动构造；玻屑微弱脱玻化。

松辽盆地，白垩系营城组，徐深1井，3525.40m，单偏光

图 2-154　玄武质熔结凝灰岩

结构构造：熔结凝灰结构，岩石块状构造。

矿物组成：岩屑主要为铁染玄武岩，含量 53%；晶屑主要为斜长石，柱状，大小为 0.01mm×0.02mm，含量 5%；胶结物主要为火山玻璃，无光性，局部有脱玻略显光性，含量 30%。

特征：岩石铁染强烈，主要粒级 0.01~0.02mm，岩石有碳酸盐化。

三塘湖盆地，石炭系卡拉岗组，牛东 9-8 井，1538.72m，单偏光，×10

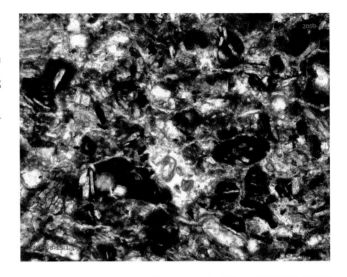

图 2-155　玄武质熔结凝灰岩

结构构造：凝灰质结构，岩石块状构造。

特征：凝灰质粒级较均匀，一般粒状，粒级 0.2~0.5mm，含量 70%；岩屑主要为铁染玄武岩，含量 70%；胶结物主要为已黏土化的火山玻璃和细小的斜长石化，含量 25%。

三塘湖盆地，石炭系卡拉岗组，牛东 9-8 井，1546.58m，单偏光，×10

图 2-156　玄武质熔结凝灰岩

结构构造：凝灰质熔结结构，岩石块状构造。

矿物组成：岩屑：为褐色玻基玄武岩岩屑粒状大小不等，大者 1.2mm×2mm，一般 0.4mm×0.5mm，含量 30%；碳酸盐岩屑粒状有一定圆度，0.1~0.3mm，含量 8%，局部集中分布。晶屑：主要为柱状、板状斜长石晶屑，粒状辉石晶屑、晶屑含量 10%。熔结物为铁质浸染的火山熔浆，可见小的斜长石晶体和细小云母片。

三塘湖盆地，石炭系卡拉岗组，牛东 9-10 井，1416.80m，正交偏光，×10

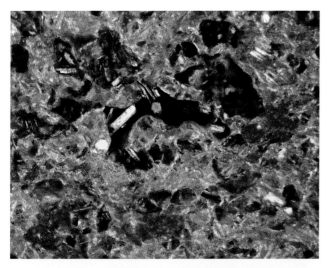

图 2-157　玄武质熔结凝灰岩熔融的岩屑

结构构造：凝灰质结构，岩石块状构造。

矿物组成：岩屑、玻屑、晶屑，胶结物为黏土矿物和火山玻璃质，火山玻璃有脱玻形成细小的斜长石。

特征：岩屑呈熔融状。

三塘湖盆地，石炭系卡拉岗组，牛东 9-8 井，1554.45m，正交偏光，×10

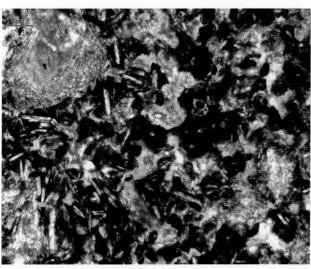

图 2-158　玻基玄武岩岩屑

岩性：玄武质熔结凝灰岩。

特征：岩屑多为褐色、浅褐色玻基玄武岩，有熔融，粒级 0.2~0.8mm。

三塘湖盆地，石炭系卡拉岗组，牛东 9-8 井，1592.57m，单偏光，×10

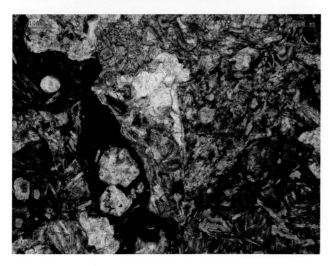

图 2-159　玻屑

岩性：玄武质熔结凝灰岩。

特征：玻屑不规则状，无色，无光性。

三塘湖盆地，石炭系卡拉岗组，牛东 9-8 井，1592.57m，单偏光，×10

图 2-160　沉火山角砾岩

特征：灰紫色，块状，火山碎屑含量 50%~60%，沉积物含量 40%~50%。火山角砾成分以凝灰岩、熔结凝灰岩为主，含流纹岩、玻屑凝灰岩、英安岩角砾；沉积物主要为砂质、泥质砾石；填隙物主要为凝灰质。

松辽盆地，白垩系营城组，升深 2-6 井，2970.45m

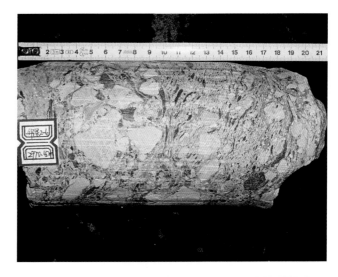

图 2-161　沉火山角砾岩

松辽盆地，侏罗系火石岭组，城深 12 井，2720.00m，正交偏光，×10

图 2-162　沉火山角砾岩

松辽盆地，侏罗系火石岭组，城深 12 井，2720.00m，单偏光，×10

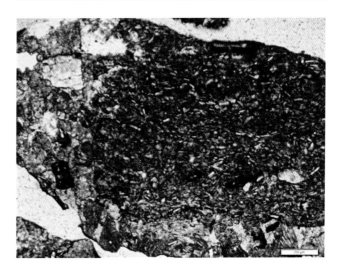

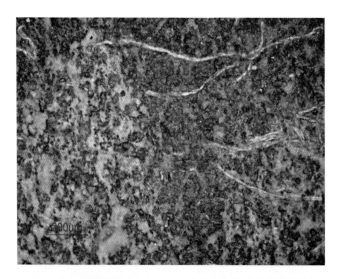

图 2-163　沉凝灰岩

结构构造：凝灰沉积结构，块状构造，成层性不明显。

矿物组成：晶屑矿物颗粒细小，多呈不规则长条状；局部可见斜长石、石英微晶矿物颗粒。

蚀变特征：长石有轻微后期蚀变，局部被黏土矿物取代；玻屑有脱玻化现象。

塔里木盆地，二叠系，阿满1井，4944.00m，单偏光，×10

图 2-164　沉凝灰岩

松辽盆地，侏罗系火石岭组，城深5井，2730.00m，正交偏光，×4

图 2-165　沉凝灰岩

松辽盆地，侏罗系火石岭组，城深5井，2730.00m，单偏光，×4

图 2-166　凝灰质砂岩

结构构造：沉凝结构、块状构造。

矿物组成：含石英、斜长石等，石英多呈不规则碎裂状，长石较自形。基质为少量火山灰胶结。

蚀变特征：部分长石发生明显后期蚀变，局部被黏土矿物取代。

塔里木盆地，二叠系，阿满 1 井，4924.00m，单偏光，×10

图 2-167　凝灰质砂岩

结构构造：火山凝灰沉积结构、块状构造。

矿物组成：晶屑以石英为主，有少量斜长石；石英多碎裂成不规则状，或发育裂纹；镜下可见自形程度很好的锆石，表明其为岩浆成因；玻屑呈黄褐－褐色，形状不规则，局部见斜长石、石英微晶矿物颗粒，表明属中酸性岩玻屑。

蚀变特征：晶屑新鲜无蚀变，火山灰发生黏土化蚀变。

塔里木盆地，二叠系，阿满 2 井，4442.00m，单偏光，×10

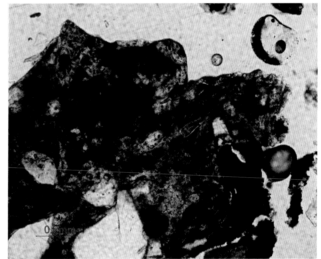

图 2-168　凝灰质粉砂岩

结构构造：凝灰沉积结构、块状构造，成层性明显。

矿物组成：以细小的石英为主，粒度在 0.05mm 左右，为粉砂级；亦含有少量火山碎屑物。

蚀变特征：未见明显蚀变。

塔里木盆地，二叠系，阿满 1 井，4620.00m，单偏光，×10

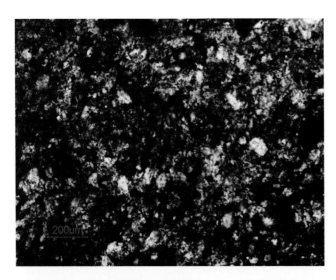

图 2-169 凝灰质粉砂岩

结构构造：凝灰沉积结构

矿物组成：碎屑主要以细小石英、长石为主，颗粒大小为粉砂级；亦含有少量火山碎屑物，由化学沉积物或黏土物质胶结形成。

蚀变特征：长石有轻微后期蚀变，局部被黏土矿物取代。

塔里木盆地，二叠系，阿满 1 井，4764.00m，单偏光，×10

图 2-170 凝灰质粉砂岩

结构构造：凝灰沉积结构。

矿物组成：碎屑主要以细小石英、长石为主，颗粒大小为粉砂级；亦含有少量火山碎屑物，由化学沉积物或黏土物质胶结形成。

蚀变特征：长石有轻微后期蚀变，局部被黏土矿物取代；玻屑有脱玻化现象。

塔里木盆地，二叠系，阿满 1 井，4924.00m，单偏光，×10

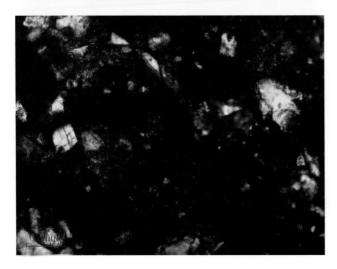

图 2-171 凝灰质粉砂岩

结构构造：凝灰沉积结构，块状构造，成层性明显。

矿物组成：晶屑：以石英为主，含有少量斜长石，粒径较大，约 0.2~0.5mm；晶屑矿物多呈不规则状，还可见岩屑。

蚀变特征：未见明显蚀变。

塔里木盆地，二叠系，阿满 1 井，4872.00m，单偏光，×5

图 2-172　凝灰质粉砂岩

结构构造：沉凝结构、块状构造。

矿物组成：晶屑：石英、斜长石，多呈不规则碎裂状；基质：少量火山灰胶结。

蚀变特征：长石发生明显后期蚀变，局部被黏土矿物取代。

塔里木盆地，二叠系，阿满 1 井，4894.00m，单偏光，×10

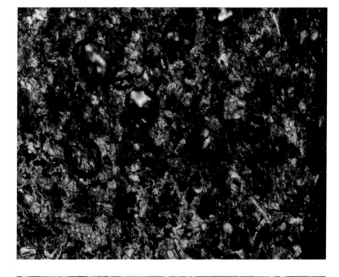

图 2-173　辉长辉绿岩

结构构造：辉长 - 辉绿结构。

矿物组成：可见斜长石呈自形长条状，搭成骨架；单斜辉石呈自形半自形充填其中，亦可见半自形形粒状橄榄石，发育裂理，边缝多遭蚀变。

塔里木盆地，奥陶系，和 4 井，3365.98m，正交偏光，×5

图 2-174　辉石橄长岩

结构构造：粒玄结构，块状构造。

矿物组成：斜长石呈自形长板条状，搭成骨架，板条长度 0.2~0.5mm，含量 45%；单斜辉石呈他形充填其中，含量 10%，亦可见蚀变的他形粒状橄榄石，含量 30%，还含有 1% 的钛铁氧化物。

蚀变特征：橄榄石强烈的蚀变，发生伊丁石化、蛇纹石化、皂石化。

塔里木盆地，二叠系，塔中 63 井，3678.00~3680.00m，单偏光，×5

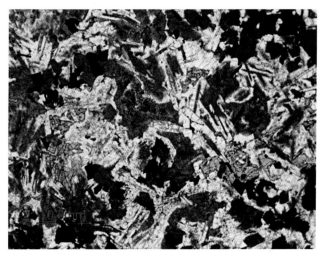

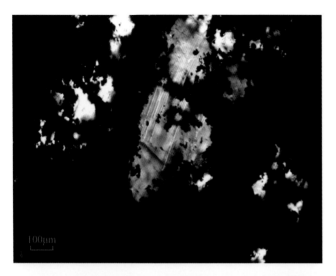

图 2-175　蚀变辉长岩

结构构造：玻基斑状结构。

矿物组成：含斜长石斑晶，斜长石颗粒边缘遭受强烈溶蚀，基质经历变质作用。

塔里木盆地，二叠系，塔中 46 井，3927.00m，正交偏光，×10

图 2-176　辉绿岩的辉绿结构

结构构造：辉绿结构，岩石块状构造。

特征：岩石由板状斜长石和粒状蛭石化辉石组成，遇水膨胀。斜长石板状，三角格架中见充填磁铁矿、辉石，最大粒级 0.5mm×1mm；辉石粒状，具辉石解理，Ⅱ级干涉色，见紫苏辉石；蛭石黄褐色，具多色性，001 解理发育，干涉色受矿物本身颜色干扰，大部分为黑云母风化产物。

三塘湖盆地，石炭系卡拉岗组，塘参 3 井，1901.40m，正交偏光，×5

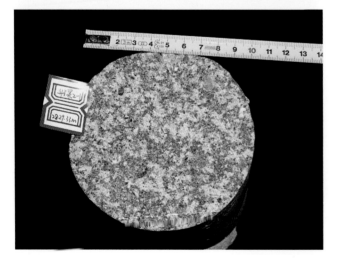

图 2-177　闪长玢岩

特征：深灰色，块状，矿物颗粒呈灰白和深灰色、大小 3~8mm 的斑块状均匀相嵌分布，浅色矿物含量在 55% 左右，暗色矿物在 45% 左右。

松辽盆地，白垩系营城组，升深 2-1 井，2829.33m

图 2-178　闪长玢岩

特征：斑状结构，流面、流线构造。

松辽盆地，白垩系营城组，德深 13 井，2135m，正交偏光，×4

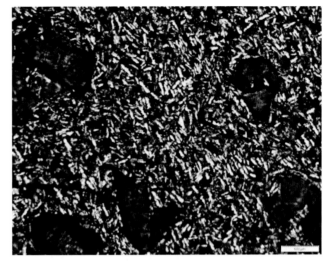

图 2-179　闪长玢岩

特征：斑状结构，流面、流线构造。

松辽盆地，侏罗系营城组，德深 13 井，2135.00m，单偏光，×4

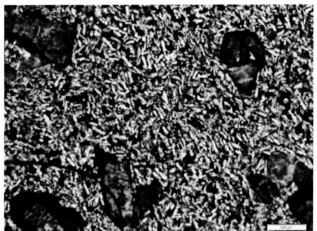

图 2-180　花岗岩

结构构造：粗粒花岗结构。

矿物组成：含条纹长石，石英，黑云母等；以条纹长石为主；均为粗粒自形半自形粒状；黑云母中可见一组完全解理。

塔里木盆地，寒武系，塔参 1 井，7200.00m，正交偏光，×5

火山岩储层储集空间
类型及特征

火山岩储层储集空间类型及特征主要描述火山岩储层的
孔、洞、缝的形状、大小、形成机理、连通情况、分布、
影响因素及储集类型等。火山岩在漫长地质演变过程中，
经历多次构造运动的改造及长时期的风化淋蚀作用和溶蚀
作用，不同岩性、岩相间原始孔隙存在较大差别，是火山
岩差异风化和有效储集空间形成的基础，而沉积间断的风
化淋蚀、构造、有机酸、深部热液溶蚀等作用形成的各种
类型溶蚀孔、洞和裂缝交织在一起，这些存在于火山岩中
的孔、洞和裂缝是油气储存的空间和运移的通道。储集空
间研究是火山岩储层研究的一项重要内容。

第一节　火山岩储层储集空间类型

根据火山岩储层形成和演化机制，可将其储集空间分为原生孔隙、次生孔隙和裂缝三大类。不同类型储集渗流空间叠加，改善了储层物性，同时也使储集空间类型更加复杂（表 3-1）。

表 3-1　火山岩储层储集空间类型和特征

类型		成因	特点	对应岩性	含油气性
原生孔隙	原生气孔	成岩过程中气体膨胀溢出而成	多分布在岩流层顶底，大小不一，形状各异	火山角砾岩、熔岩	与缝、洞相连者含油气较好
	残余气孔	次生矿物没有完全充填气孔的情况下所留的孔隙	也称为半充填孔隙	玄武岩、火山角砾岩	与缝、洞相连者含油气较好
	粒（砾）间孔	碎屑颗粒间经成岩压实后残余孔隙	火山碎屑岩中多见	火山角砾岩、集块岩、火山沉积岩	含油气性好
	晶间/内孔	造岩矿物格架间的孔隙；辉石、斜长石等斑晶矿物多是有解理的矿物，本身就是晶内孔	多分布在岩流层中部，空隙较小	熔岩、火山碎屑岩	含油气性好
次生孔隙	斑晶溶蚀孔	斑晶受流体作用溶蚀而产生孔隙，该类溶蚀常常沿着解理缝发育	孔隙形态不规则，多成港湾状，主要为晶内孔	安山岩	是主要储集空间之一
	基质溶蚀孔	基质中的玻璃质脱玻化或微晶长石被溶蚀	孔隙细小，主要为溶蚀孔，具有一定的连通性	各类熔岩、熔结凝灰岩	能形成好的储层
	杏仁体溶蚀孔	气孔中充填物经交代溶蚀而形成的溶蚀孔	孔隙形态不规则，连通性差	熔岩	含油气性好
	粒（砾）间/内溶蚀孔	风化、淋滤、溶蚀等后生作用形成	沿裂缝、自碎碎屑岩及构造高部位发育	火山岩碎屑岩，部分熔岩	含油气性好
	脱玻化孔	玻璃质经脱玻化后形成	微孔隙，但连通性较好	球粒流纹岩、熔结凝灰岩、沉凝灰岩	较好的储集空间
裂缝	冷凝收缩缝	岩浆冷凝、结晶过程中所形成的收缩微裂	柱状节理，呈张开型式，面状裂开，少错动	火山角砾岩、安山岩、粗面岩	含油气性一般较好
	炸裂缝	自碎或隐蔽爆破	有复原性	自碎角砾化熔岩、次火山岩	含油气性较好
	构造缝	火山岩受构造应力作用后产生的微裂缝	近断层处发育，较平直，多为高角度裂缝	玄武岩、安山岩	与构造发生作用时间有关
	风化缝	常与溶蚀孔、缝和构造裂缝交错相连，将岩石切割成大小不同的碎块	与溶蚀孔缝洞和构造缝相连	火山碎屑岩、火山角砾岩	含油气较好
	溶蚀缝	风化淋滤、地层流体溶蚀	原有裂缝溶蚀、扩展	杏仁状安山岩、火山角砾岩	含油气性好

原生孔隙：指火山岩在岩浆侵入、喷发、冷却、结晶等形成过程中至成岩作用前所形成的孔隙，并被保存至今。按成因又可分为原生气孔、残余气孔、粒（砾）间孔、晶内／晶间孔等，其形成主要发生在火山岩早期固结成岩阶段（图3-1～图3-18）。

次生孔隙：火山活动多次间歇性喷发，又经受后期热液、地表水或埋藏后的盆地流体等多种因素作用，使先期形成的火山岩成分、结构、构造遭受改造，矿物发生溶解和水解，被溶解物质部分被带走，形成次生孔隙，它使原生孔隙结构发生变化。按成因可分为斑晶溶蚀孔、杏仁体溶蚀孔、基质溶蚀孔、粒（砾）间溶蚀孔等类型（图3-19～图3-46）。

裂缝：是因构造活动而形成。火山岩较为致密，即使有孔隙其连通性也不好。裂缝不但使孤立的孔、洞得以连通，而且还增大了火山岩的储集空间，为油气运集提供了良好条件。按成因可分为冷凝收缩缝、炸裂缝、构造缝、溶蚀缝、风化缝等（图3-47～图3-65）。

第二节　火山岩储集空间特征

一、原生储集空间特征

原生气孔：熔岩喷出地表，因温度降低、压力骤减，迅速冷凝，其中所含气体逸散而形成气孔，其形状有圆形、椭圆形及不规则形态。通过岩心及薄片观察，气孔分布大小不均，形态不一，数量不等，最大可达厘米级，小的只能在显微镜下才能看到，大多数呈孤立状，少数呈串珠状。气孔发育一般位于溢流熔岩中，尤其是熔岩流的上部容易形成大量气孔。气孔之间的连通程度较差。气孔内壁光滑，部分可见绿泥石、方解石充填等矿物充填，但充填程度低（图3-66～图3-73）。

残余气孔：如果气孔被后来矿物充填就形成杏仁体，当杏仁体不完全充填或充填物被溶蚀，就会形成残余孔（图3-74～图3-80）。

粒（砾）间孔：粒间孔见于火山碎屑岩中，特别是火山角砾岩中常见，孔隙特征同碎屑岩中的粒间孔相似（图3-81）。

晶间／晶内孔：晶间孔多指斑晶间孔隙，火山岩多具有斑状结构，斑晶聚集在一起形成聚斑结构，斑晶与斑晶之间形成的孔隙即斑晶间孔。而晶内孔指火山岩岩石基质中一些长石微晶之间的细小孔隙（图3-82～图3-91）。

二、次生储集空间特征

斑晶溶蚀孔：岩浆冷凝过程中绝大部分能形成斑状结构，构成斑晶的主要矿物长石、辉石、橄榄石、黑云母、角闪石等硅酸盐矿物稳定于高温环境，在成岩后明显的低温环境中，特别是在有效流体作用下，受到溶蚀而产生大小不一的次生孔隙，常见蜂窝状和筛孔状，或斑晶全部被溶蚀，保留原始矿物外观形态。在表生作用条件下，其中暗色铁镁矿物极易蚀变，一部分转化成黏土矿物，另一部分形成氧化铁，最后就会变成水铝矿和硅质与氧化铁混合物。特别是玄武岩发生蚀变，常出现泥化、绿泥石碳酸盐化等，矿物本身也发生蚀变如橄榄石蛇纹石化、斜长石绢云母化和高岭土化、辉石蚀变为绿泥石、黑云母等，可以加速斑晶溶蚀孔形成。斑晶溶蚀孔是火山岩风化壳储层中重要的孔隙类型之一（图3-92~图3-95）。

杏仁体溶蚀孔：指在火山喷出岩残余孔中原先充填的方解石、绿泥石、沸石和硅质物等易溶矿物经交代溶蚀，而形成的一类溶蚀孔隙（图3-96~图3-101）。

基质溶蚀孔：在蚀变玄武岩、安山岩、火山角砾岩、断层角砾岩等储层中，其基质部分、火山碎屑岩中粗碎屑间的细粒火山碎屑及火山碎屑间基质部分为微晶或玻璃质结构时，基质中微晶和玻璃质也可产生不同程度溶解，被溶解部位出现次生孔隙和细小的筛孔状，具有一定连通性。充填于板条状斜长石微晶三角格架中的玻璃质脱玻后易蚀变成绿泥石等，将加速基质溶蚀孔形成（图3-102~图3-111）。

粒（砾）间/内溶蚀孔：多存在于溢流熔岩、爆发角砾岩中，通常为粒（砾）间/内火山基质在大气水、有机酸下发生溶蚀后形成的伸长状、不规则状储集空间。各类含火山角砾岩的角砾间也有发育，但发育程度相对较低；粒（砾）间/内溶蚀孔通常较大，常形成溶蚀扩大孔、伸长状孔隙等，是最重要孔隙类型之一。在火山角砾岩、中砂粒级以上凝灰岩中。常见到长石、角闪石和辉石等矿物发生绢云母化或绿泥石化，或者长石、角闪石等不稳定矿物被方解石、沸石等交代，形成溶蚀孔隙（图3-112~图3-116）。

三、裂缝特征

火山岩较为致密，即使有孔隙其连通性也不好。裂缝不但使孤立的孔、洞得以连通，而且还增大了火山岩的储集空间，为油气运集提供了良好条件。

冷凝收缩缝：是熔浆冷凝、结晶过程中形成的微裂缝，它是由于熔浆冷凝过程中构造运动反复出现而在熔岩体内产生的。冷凝、未冷凝的熔岩在底部岩浆继续上涌时破坏其上部的熔岩，在熔岩内形成裂缝，其中的冷凝收缩缝均呈张开式；面状裂开的规模并不大，裂开部分只呈拉开而不错动，裂开面可见变形痕迹（图3-117~图3-131）。

构造缝：火山岩受构造应力作用后也可产生一些微裂缝，或被后期次生矿物充填后残留的部分微裂缝。当充填的程度不均一时，再经过溶蚀作用，使孔隙进一步加大，所增大的部分往往是有效的储集空间（图3-132~图3-141）。

溶蚀缝：原生的裂缝后期经过淋蚀溶解，扩大了裂缝的开度；或是原生的裂缝被矿物充填，而后经溶蚀作用再次形成的裂缝（图3-142~图3-149）。

风化缝：常与溶蚀孔、缝和构造裂缝交错相连，将岩石切割成大小不同的碎块。这类缝隙往往充填或半充填紫红色铁、泥物质，其储集意义不大，但风化裂缝为后期构造裂缝复杂化或进入深埋后在受到热液溶蚀作用创造了有利条件（图3-150、图3-151）。

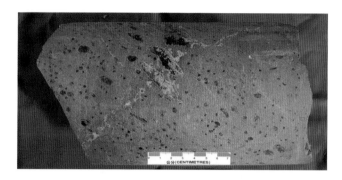

图 3-1 原生气孔

灰绿色玄武岩，发育圆形、近圆形气孔，部分气孔被硅质、绿泥石、方解石半充填。充填前面孔率为 5%~7%，充填后面孔率为 2%~3%。

四川盆地，周公 1 井，3215.10m

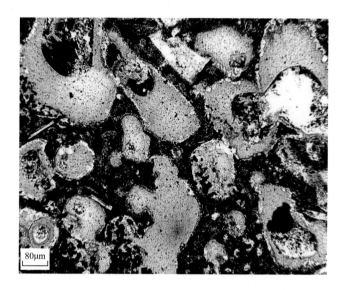

图 3-2 原生气孔

特征：气孔（蓝色）呈圆形、椭圆形。

松辽盆地，白垩系营城组，达深 4 井，3263.69m，单偏光，蓝色铸体

图 3-3 原生气孔

特征：气孔（蓝色）拉长变形。

松辽盆地，白垩系营城组，徐深 1 井，3634.42m，单偏光，蓝色铸体

图 3-4　原生气孔

特征：气孔（蓝色）拉长，互相连通。

松辽盆地，白垩系营城组，达深 4 井，3265.1m，单偏光，蓝色铸体

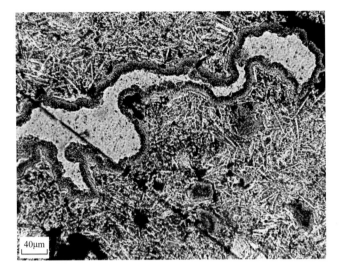

图 3-5　原生气孔

褐红色气孔状玄武岩，微－细晶结构，气孔部分硅质和粗晶方解石充填，其中硅质被方解石选择交代。

四川盆地，汉 1 井，4944.60m，单偏光，×2。

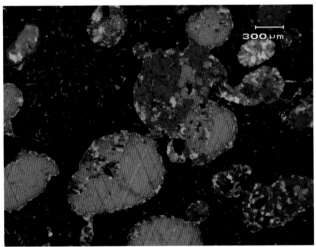

图 3-6　残余气孔

半充填杏仁体内孔。

三塘湖盆地，塘参 3 井，2957.36m，单偏光，蓝色铸体

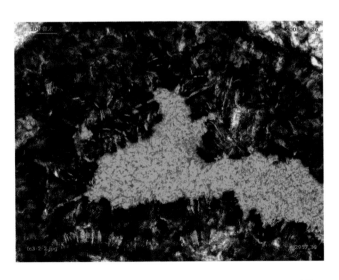

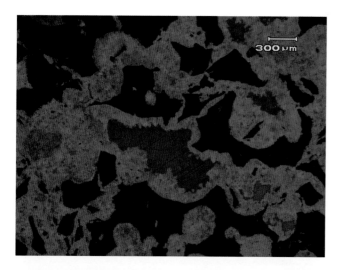

图 3-7　残余气孔

褐红色气孔状玄武岩，隐晶质结构，气孔部分硅质和粗晶方解石充填。

四川盆地，周公 2 井，3149.90m，正交光，×2。

图 3-8　残余气孔

半充填杏仁体内孔（杏仁状绿纤石化玄武岩）。

三塘湖盆地，牛东 9-8 井，1648.88m，正交偏光，蓝色铸体

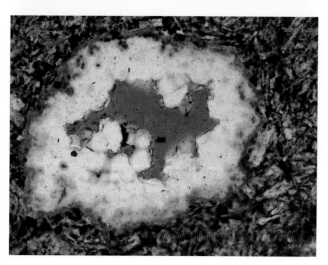

图 3-9　残余气孔

半充填杏仁体内孔（杏仁状绿纤石化玄武岩）。

三塘湖盆地，牛东 9-8 井，1648.88m，单偏光，蓝色铸体

图 3-10 残余气孔

气孔中孔隙，并与微裂隙相通。

大 30 井，1473.00m，单偏光，×10

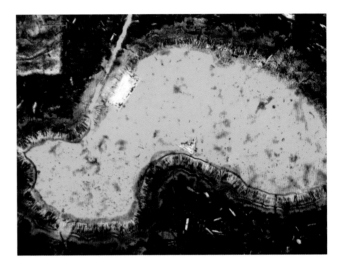

图 3-11 残余气孔

气孔内石英胶结，局部充填气孔。

松辽盆地，白垩系营城组，升深更 2 井，3007.54m，
单偏光，蓝色铸体

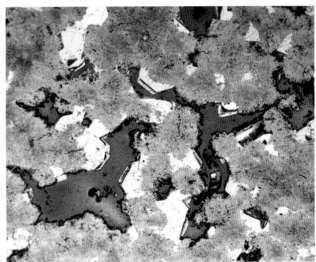

图 3-12 砾间孔

火山角砾岩，砾间孔。

滴西 5 井，3649.2m，正交偏光，蓝色铸体

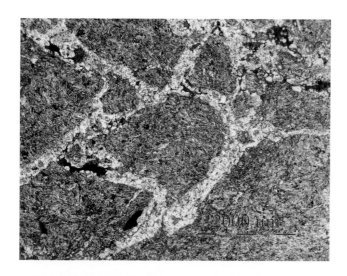

图 3-13　砾间孔

碎裂安山岩，网状缝中方沸石、绿泥石充填后残余孔隙。

辽河油田，欧 27 井，2401.00m，单偏光，×2.5

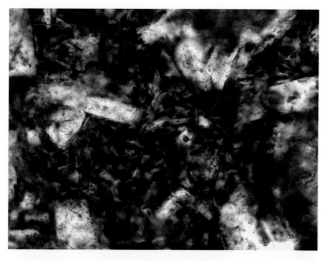

图 3-14　晶间孔

玄武岩，基质长石格架中的晶间微孔，孔径 < 0.005mm。

三塘湖盆地，马 19 井，1549.52m，正交光，×10

图 3-15　晶间孔

玄武岩，斜长石斑晶，板状、柱状，聚斑结构，晶间见微孔。

三塘湖盆地，马 19 井，1549.52m，正交光，×10

图 3-16　晶间孔

杏仁体内浊沸石晶间孔（杏仁状绿纤石化玄武岩）。

三塘湖盆地，牛东 9-8 井，1646.77m，正交偏光

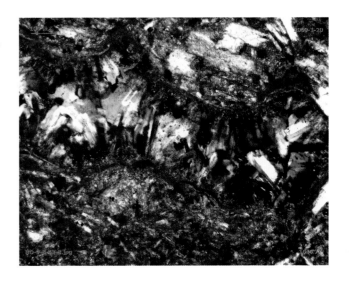

图 3-17　晶间孔

杏仁体内浊沸石晶间孔（杏仁状绿纤石化玄武岩）。

三塘湖盆地，牛东 9-8 井，1646.77m，单偏光，蓝色铸体

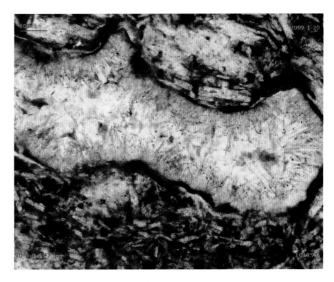

图 3-18　晶间孔隙

钾、钠长石晶间孔隙、晶间片丝状伊利石。

胜利 1 井，SEM

图 3-19　斑晶溶蚀孔

玄武岩，斜长石斑晶有绿泥石化并溶蚀。

三塘湖盆地，马 19 井，1549.52m，单偏光，×5

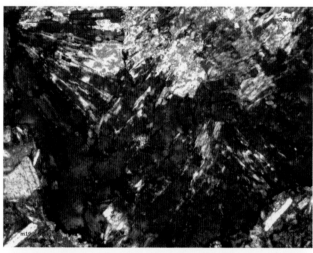

图 3-20　斑晶溶蚀孔

杏仁状玄武岩，杏仁体内辉石、斜发沸石溶蚀孔。

三塘湖盆地，马 19 井，1558.21m，正交光，×10

图 3-21　斑晶溶蚀孔

杏仁体内方解石晶内溶孔（杏仁状玄武岩）。

三塘湖盆地，牛东 9-8 井，1689.72m，单偏光，
蓝色铸体

图 3-22 斑晶溶蚀孔
流纹岩中石英斑晶发育，斑晶内溶蚀孔、裂缝发育。

松辽盆地，白垩系营城组，徐深 1 井，3448.08m，
单偏光，蓝色铸体

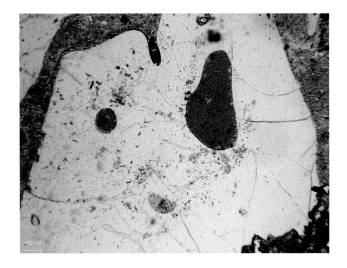

图 3-23 斑晶溶蚀孔
流纹岩中长石斑晶发育，斑晶内溶蚀孔、裂缝发育，
长石次生蚀变较强烈，钠长石化。

松辽盆地，白垩系营城组，徐深 1 井，3451.53m，
单偏光，蓝色铸体

图 3-24 斑晶溶蚀孔
玄武岩斜长石斑晶，斑晶内发育溶孔。

马 20 井，2144.82~2145.02m，SEM

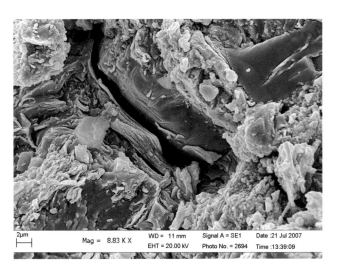

图 3-25　斑晶溶蚀孔

长石斑晶溶蚀，形成铸模孔。

松辽盆地，白垩系营城组，徐深 1 井，3449.53m，
单偏光，蓝色铸体

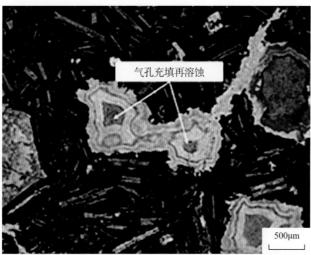

气孔充填再溶蚀

图 3-26　杏仁体溶蚀孔

杏仁状安山岩，气孔充填再溶蚀。

石南 4 井，4457.59m，单偏光

图 3-27　杏仁体溶蚀孔

气孔玄武岩，气孔呈球状充填物溶蚀。

三塘湖盆地，马 19 井，1544.55m，单偏光，×5

图 3-28　杏仁体溶蚀孔

松辽盆地，白垩系营城组，徐深 8 井，3709.51m，
单偏光

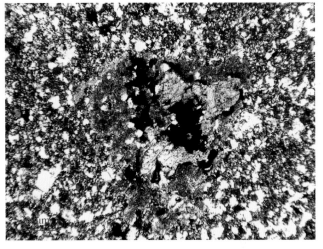

图 3-29　杏仁体溶蚀孔

斜发沸石溶蚀孔（杏仁玄武岩）。

三塘湖盆地，马 19 井，1549.52m，单偏光，蓝色
铸体

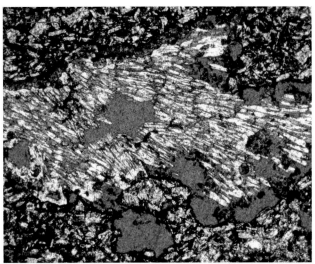

图 3-30　杏仁体溶蚀孔

斜发沸石溶蚀孔（杏仁玄武岩）。

三塘湖盆地，马 19 井，1549.52m，单偏光，蓝色
铸体

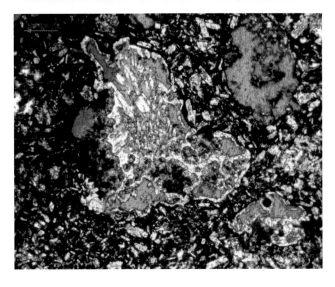

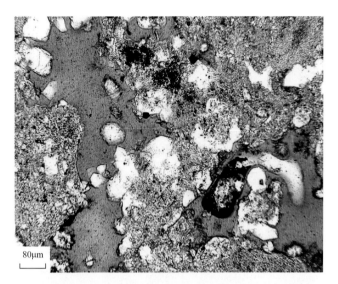

图 3-31　杏仁溶蚀孔

气孔、杏仁体构造，部分气孔、杏仁体后期溶蚀扩大。

松辽盆地，白垩系营城组，徐深 8 井，3731.30m，
单偏光，蓝色铸体

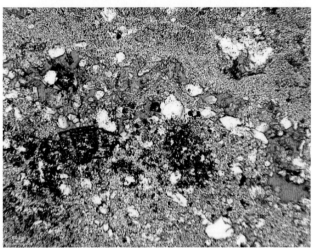

图 3-32　杏仁溶蚀孔

部分气孔、杏仁体后期溶蚀扩大

松辽盆地，白垩系营城组，徐深 8 井，3731.30m，
单偏光，蓝色铸体

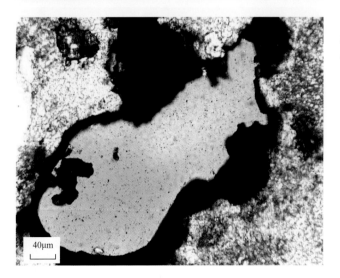

图 3-33　杏仁体溶蚀孔

松辽盆地，白垩系营城组，肇深 6 井，3591.09m，
单偏光，蓝色铸体

图 3-34　基质溶蚀孔

基质斜长石格架中玻璃质溶蚀形成基质溶蚀孔（杏仁状蚀变玄武岩）。

三塘湖盆地，牛东 9-8 井，1675.77m，单偏光，蓝色铸体

图 3-35　基质溶蚀孔

特征：玄武岩基质中斜长石溶蚀，形成孔隙。

三塘湖盆地，石炭系哈尔加乌组，马 21 井，2047.14~2047.28m，SEM

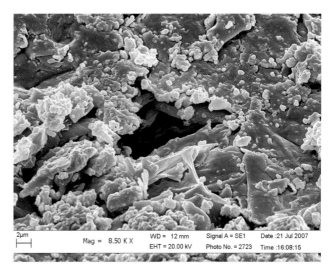

图 3-36　基质溶蚀孔

杏仁状安山岩，斑状结构，基质交织结构。

三塘湖盆地，牛东 9-8 井，3149.90m，单偏光，×10

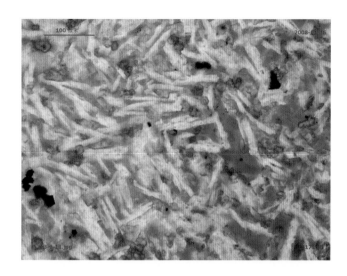

图 3-37　基质溶蚀孔

玄武岩，基质斜长石格架中的玻璃质绿泥石化，部分溶蚀。

三塘湖盆地，塘参 3 井，3171.48m，单偏光，×20

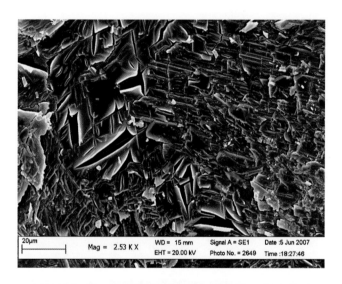

图 3-38　基质溶蚀孔

安山岩，基质中斜长石呈纤维状，部分蚀变。

三塘湖盆地，石炭系哈尔加乌组，马 22 井，1424.32～1424.42m，SEM

图 3-39　基质溶蚀孔

基质中的部分晶屑溶蚀。

马 15 井，2346.00m，凝灰岩，单偏光，红色铸体

图 3-40　基质溶蚀孔

粉细凝灰岩。基质中部分长石溶蚀。

马 55 井，2565.00m，正交光，红色铸体

图 3-41　基质溶蚀孔

细粉粒玻屑晶屑凝灰岩。部分晶屑溶蚀形成微孔、微词。

马 55 井，2476.16m，单偏光，红色铸体

图 3-42　粒内溶蚀孔

安山质岩屑凝灰岩，岩屑颗粒的伊蒙混层中发育溶蚀孔。

三塘湖盆地，石炭系哈尔加乌组，马 704 井，3470.23~3470.40m，SEM

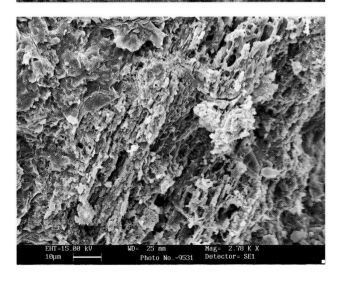

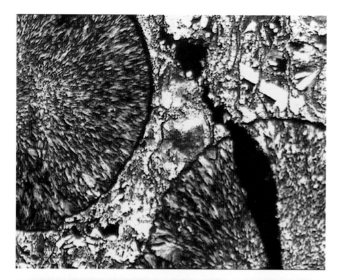

图 3-43　脱玻化孔

特征：球粒流纹岩，基质为球粒结构，球粒内脱玻化，形成微孔。

松辽盆地，白垩系营城组，升深更 2 井，3000.90m，单偏光

图 3-44　脱玻化孔

特征：玻屑凝灰岩，火山玻璃质脱玻化，形成晶间孔。孔隙度 20%，渗透率 $1.77 \times 10^{-3} \mu m^2$。

三塘湖盆地，石炭系，马 56 井，2144.99~2145.13m，SEM

图 3-45　脱玻化孔

特征：玻屑凝灰岩，火山玻璃质脱玻化形成。

三塘湖盆地，石炭系，马 56 井，2144.19~2144.39m，SEM

图 3-46　脱玻化孔

三塘湖盆地，石炭系，马 56 井，2144.00~2145.00m，
玻屑凝灰岩，单偏光，红色铸体

图 3-47　冷凝收缩缝

碱性长石斑晶冷凝收缩微裂缝发育。

塔里木盆地，马纳 1 井，5166.00m，单偏光，×5

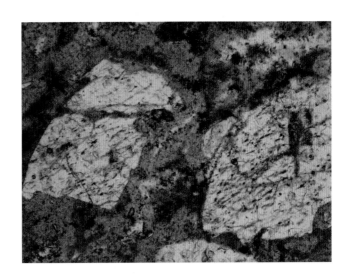

图 3-48　冷凝收缩缝

碱性长石斑晶冷凝收缩微裂缝发育。

塔里木盆地，马纳 1 井，5166.00m，正交偏光，×5

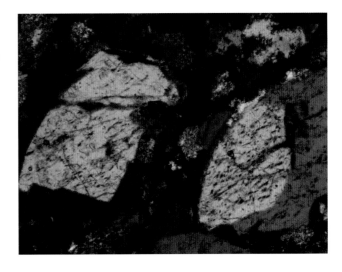

图 3-49　冷凝收缩缝

岩性：球粒流纹岩。

松辽盆地，白垩系营城组，升深更 2 井，3007.54m，单偏光，蓝色铸体

图 3-50　构造缝

未充填高角度裂缝，大于 80°。

四川油田，周公 2 井，3231.80~3231.98m

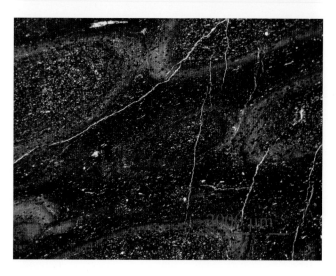

图 3-51　构造缝

弱熔结岩屑凝灰岩，发育两组数条微裂缝，缝已被沸石充填。

四川盆地，周公 2 井，3210.00m，单偏光，×2.5

图 3-52　构造缝

玄武岩，构造形成剪切缝，被绿泥石、沸石半充填。

四川盆地，周公 2 井，3201.30m，单偏光，×10

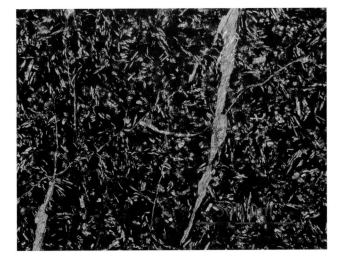

图 3-53　构造缝

安山岩中伊丁石因构造形成的微裂缝

三塘湖盆地，方 1 井，1179.54m，单偏光，蓝色铸体

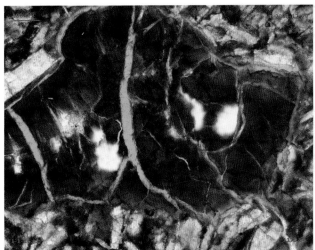

图 3-54　构造缝

全直径岩心，灰绿色厚层块状玄武岩；发育两组微裂缝：一组为 x 节理，高角度（60°~80°）和低角度（20°~30°）相互切割，缝密度 10~20 条 /m，方解石微充填。

四川盆地，周公 2 井，3226.15~3226.38m

图 3-55　构造缝

流纹质火山角砾岩中的方解石微裂缝。

三塘湖盆地，汉 1 井，3720.60m，正交偏光，蓝色铸体

图 3-56　构造缝

流纹质火山角砾岩中的方解石微裂缝。

三塘湖盆地，汉 1 井，3720.60m，单偏光，蓝色铸体

图 3-57　构造缝

流纹质火山角砾岩中的方解石微裂缝。

三塘湖盆地，汉 1 井，3459.33m，正交偏光

图 3-58　构造缝

裂缝，有八面沸石充填（蚀变橄榄玄武岩）。

三塘湖盆地，马 17 井，1545.00m，单偏光，蓝色铸体

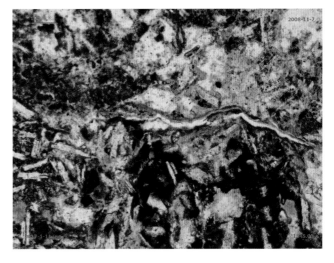

图 3-59　收缩 + 构造缝

网格状微裂缝（晶屑凝灰岩）。

马 19 井，2431.00m，正交偏光，蓝色铸体

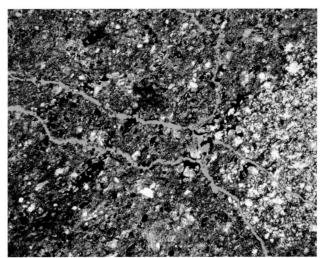

图 3-60　斑晶溶蚀缝

安山岩，长石斑晶中溶蚀扩大的微缝。

辽河油田，欧 29 井，2211.93m，单偏光，×2.5，蓝色铸体

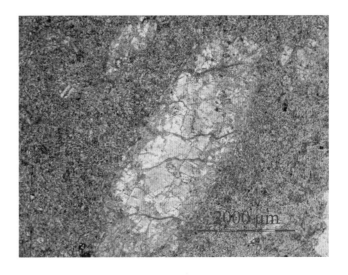

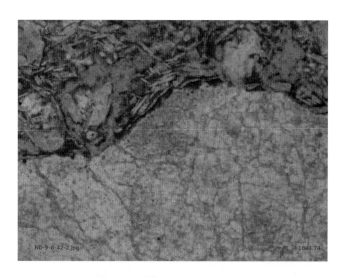

图 3-61　溶蚀缝

蚀变玄武岩，杏仁体内浊沸石溶蚀孔、溶蚀裂缝发育，相互连通。

三塘湖盆地，牛东 9-8 井，1643.74m，单偏光，×5，蓝色铸体

图 3-62　溶蚀缝

绿泥石化凝灰岩中的浊沸石脉体，脉体溶蚀孔发育，溶孔内残留沥青。

三塘湖盆地，牛东 9-10 井，1457.65m，单偏光，×10

图 3-63　溶蚀缝

绿泥石化凝灰岩中的浊沸石脉体，脉体溶蚀孔发育，溶孔内残留沥青。

三塘湖盆地，牛东 9-10 井，1457.65m，单偏光，×10

图 3-64　收缩＋构造缝

玄武岩斜长石斑晶中的微裂缝。

三塘湖盆地，石炭系哈尔加乌组，马 20 井，
2142.42～2142.62m，SEM

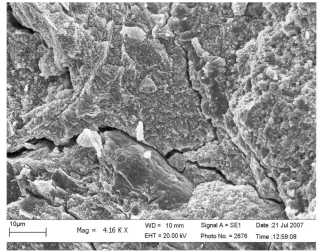

图 3-65　斑晶溶蚀孔

松辽盆地，白垩系营城组，徐深 44 井，3706.79m，
单偏光，蓝色铸体

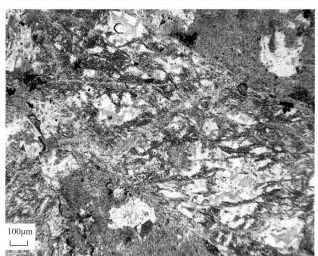

图 3-66　原生气孔

气孔玄武岩，气孔末端充填油状物。

大港油田，军 21-23 井，单偏光，×5

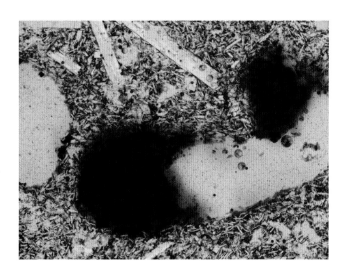

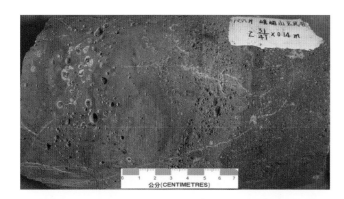

图 3-67　原生气孔（岩心）

玄武岩中的气孔。

四川盆地，汉 6 井，二叠系峨眉玄武岩层段

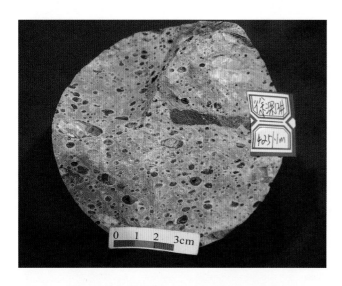

图 3-68　原生气孔（岩心）

安山岩中的气孔。

松辽盆地，徐深 13 井，4251.10m

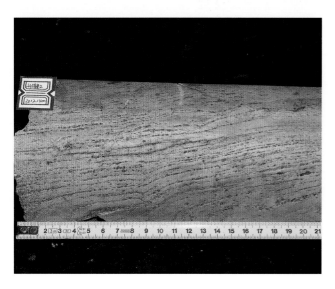

图 3-69　原生气孔（岩心）

流纹岩中的气孔呈定向排列且彼此联通。

松辽盆地，升深更 2 井，3012.14m

图 3-70　原生气孔（岩心）
安山岩中的气孔与残余气孔。

松辽盆地，徐深 13 井，4249.15m

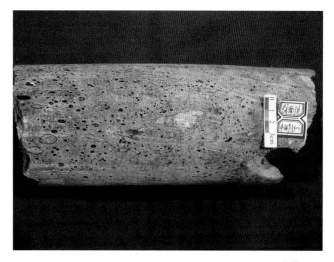

图 3-71　原生气孔
气孔构造，碳质沥青填充。

大港油田，枣 78 井，1523.01m，单偏光，×5

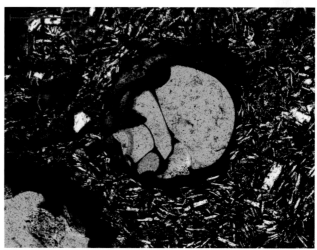

图 3-72　原生气孔
气孔杏仁玄武岩，杏仁孔内充填层片状绿泥石。

满西 2 井，4480.70m，SEM

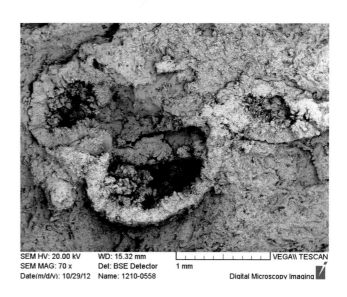

图 3-73 原生气孔

气孔杏仁玄武岩，杏仁孔内充填层片状绿泥石（图 3-72 放大）。

满西 2 井，4480.70m，SEM

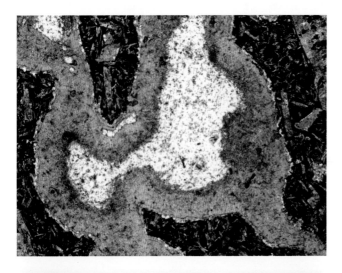

图 3-74 残余气孔

杏仁构造，气孔被石英、绿泥石和泥晶方解石部分充填，还残留部分孔隙，但铸体未注入，孔隙连通性差。

塔里木盆地，英买 5 井，5440.10m，单偏光，×5

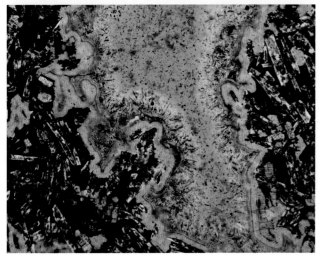

图 3-75 残余气孔

气孔被多期绿泥石充填后，残留孔隙

塔里木盆地，丰南 1 井，5194.60m，正交偏光，蓝色铸体

图 3-76　杏仁体溶蚀孔

气孔内充填方解石，方解石溶蚀后被沸石充填（气孔玄武岩）。

三塘湖盆地，马 19 井，1544.55m，单偏光，蓝色铸体

图 3-77　杏仁体溶蚀孔

杏仁体内斜发沸石溶蚀（杏仁玄武岩）。

三塘湖盆地，马 19 井，1558.21m，单偏光，蓝色铸体

图 3-78　杏仁体溶蚀孔

杏仁体内辉石溶蚀孔（杏仁玄武岩）。

三塘湖盆地，马 19 井，1558.21m，正交偏光，蓝色铸体

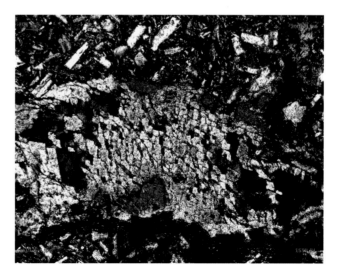

图 3-79　杏仁体溶蚀孔

杏仁体内斜发沸石溶蚀（杏仁玄武岩）。

三塘湖盆地，马 19 井，1558.21m，单偏光，蓝色铸体

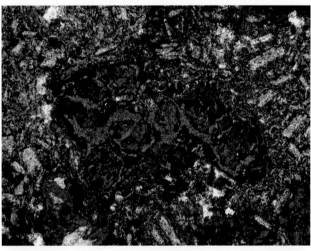

图 3-80　杏仁体溶蚀孔

杏仁体内绿泥石溶蚀（杏仁玄武岩）。

三塘湖盆地，马 19 井，1558.21m，单偏光，蓝色铸体

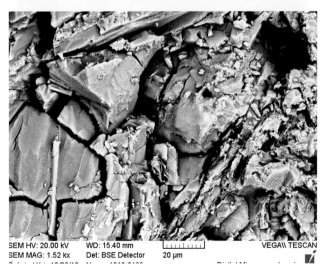

图 3-81　粒间孔

长石、橄榄石粒间孔缝。

大港油田，枣 1 井，SEM

图 3-82 晶间孔

塔里木盆地，钾、钠长石晶间孔隙，晶间片状、丝状伊利石。

塔里木盆地，胜利 1 井，SEM

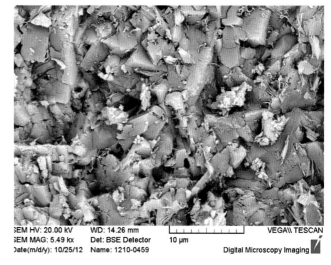

图 3-83 晶间孔

塔里木盆地，长石晶间孔隙、晶内孔隙。

塔里木盆地，胜利 1 井，SEM

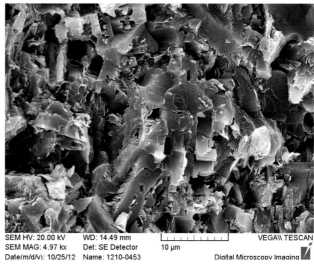

图 3-84 晶间孔

晶间孔隙。

塔里木盆地，胜利 1 井，SEM

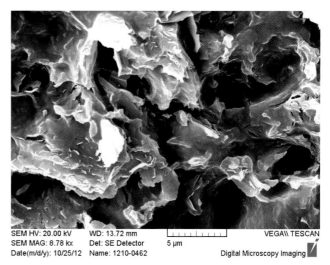

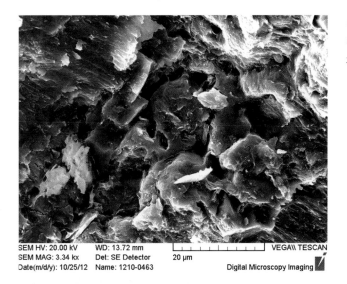

图 3-85　晶间蚀孔

晶间孔隙。

塔里木盆地，胜利 1 井，SEM

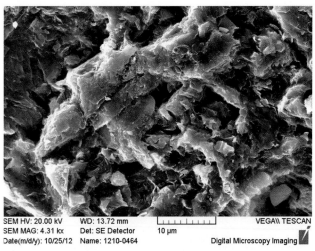

图 3-86　晶间孔

晶间孔隙。

塔里木盆地，胜利 1 井，SEM

图 3-87　晶间孔

晶间孔隙。

塔里木盆地，胜利 1 井，SEM

图 3-88　晶间孔

粒间片状黏土晶间孔隙。

塔里木盆地，胜利 1 井，SEM

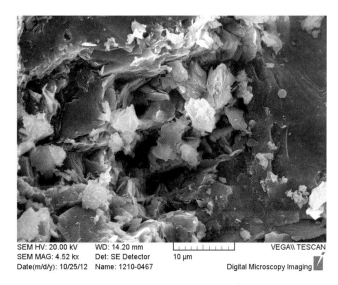

图 3-89　晶间孔隙

橄榄石晶间孔隙。

大港油田，枣 78 井，SEM

图 3-90　晶内、晶间孔隙

层片状橄榄石与孔隙连通。

大港油田，枣 78 井，SEM

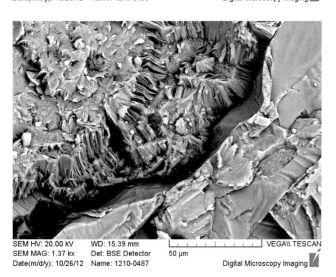

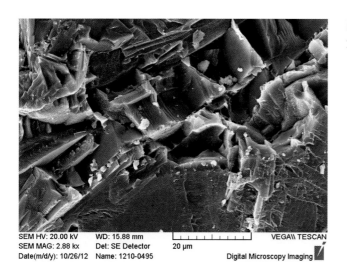

图 3-91　晶间孔隙
大港油田，枣 78 井，SEM

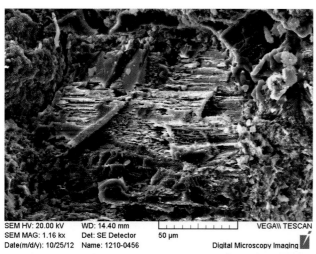

图 3-92　斑晶溶蚀孔
塔里木盆地，钾长石晶内淋滤溶蚀孔。
塔里木盆地，胜利 1 井，SEM

图 3-93　斑晶溶蚀孔
溶蚀扩大的微裂缝、长石斑晶溶孔（气孔玄武岩）。
辽河油田，欧 26 井，2191.00m，单偏光，蓝色铸体

图 3-94 斑晶溶蚀孔
杏仁玄武岩，杏仁体中长石被溶蚀。
塔里木油田，丰南 1 井，5199.00m，单偏光，×10

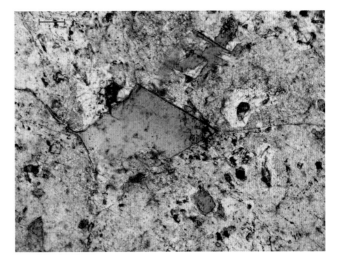

图 3-95 斑晶溶蚀孔
杏仁玄武岩，杏仁体中长石被溶蚀。
塔里木油田，丰南 1 井，5199.00m，单偏光，×5

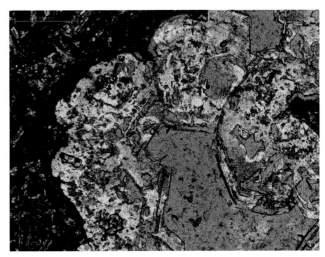

图 3-96 杏仁体溶蚀孔
杏仁体发生溶蚀。
冀东油田，NP118ex-x112 井，2670.73m，正交偏光，
红色铸体

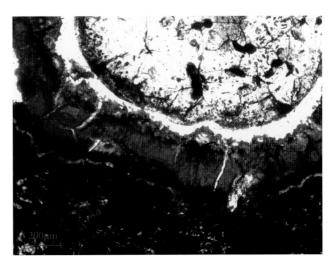

图 3-97　杏仁体溶蚀孔

气孔充填绿泥石、浊沸石、方沸石、碳酸盐，浊沸石溶解形成杏仁体内溶蚀孔（气孔玄武岩）。

三塘湖盆地，马 19 井，1544.55m，单偏光，蓝色铸体

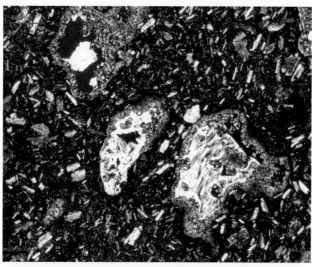

图 3-98　杏仁体溶蚀孔

气孔充填绿泥石、浊沸石、方沸石、碳酸盐，浊沸石溶解形成杏仁体内溶孔（气孔玄武岩）。

三塘湖盆地，马 19 井，1544.55m，正交偏光，蓝色铸体

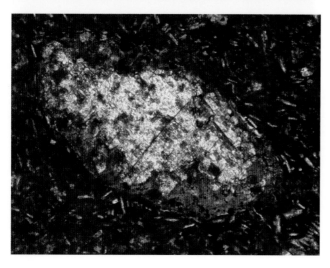

图 3-99　杏仁体溶蚀孔

杏仁玄武岩，杏仁体内方解石杏仁体发生溶蚀。

冀东油田，NP5-96 井，3965.90m，单偏光，×5

图 3-100　杏仁体溶蚀孔

杏仁玄武岩，杏仁体内方解石杏仁体发生溶蚀。

冀东油田，NP5-96 井，3965.90m，正交偏光，×5

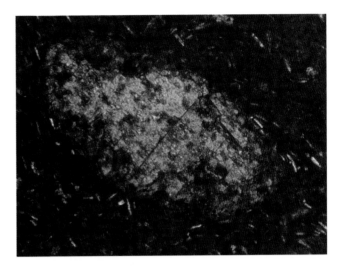

图 3-101　杏仁体溶蚀孔

浊沸石化玄武岩，杏仁体内浊沸石溶蚀。

三塘湖盆地，马 19 井，1537.83m，单偏光，蓝色
铸体

图 3-102　基质溶蚀孔

粗面结构，溶蚀孔隙。

辽河油田，沟 1 井，2820.19~2820.62m，正交偏光，
蓝色铸体

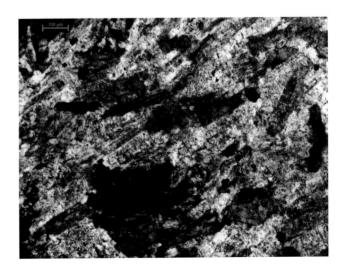

图 3-103　基质溶蚀孔

粗面结构，溶蚀孔隙。

辽河油田，沟 1 井，2820.19～2820.62m，单偏光，
蓝色铸体

图 3-104　基质溶蚀孔

玄武岩，少量溶蚀孔隙。

塔里木油田，哈 1 井，5485.00m，单偏光，×10

图 3-105　基质溶蚀孔

玄武岩，少量溶蚀孔隙。

塔里木油田，哈 1 井，5485.00m，正交偏光，×10

图 3-106　基质溶蚀孔

粗面岩，少量溶蚀孔隙。

辽河油田，沟 1 井，2820.50m，单偏光，×5

图 3-107　基质溶蚀孔

粗面岩，少量溶蚀孔隙。

辽河油田，沟 1 井，2820.50m，单偏光，×10

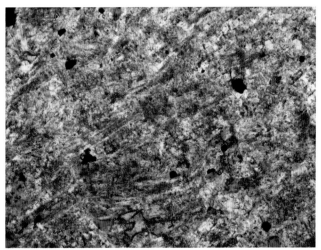

图 3-108　基质溶蚀孔

石英斑岩，大量基质被溶蚀。

塔里木油田，马纳 1 井，5166.00m，单偏光，×10

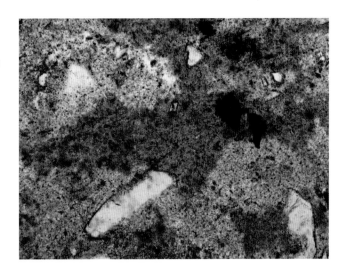

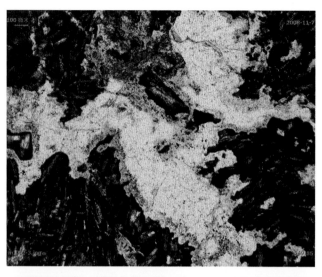

图 3-109 基质溶蚀孔

八面沸石充填不规则溶洞（蚀变橄榄玄武岩）。

三塘湖盆地，马 17 井，1549.85m，单偏光

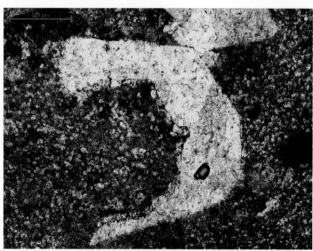

图 3-110 基质溶蚀孔

石英斑岩，基质少量溶蚀。

塔里木盆地，英买 16 井，5197.70m，单偏光，×5

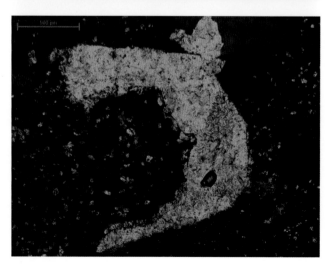

图 3-111 基质溶蚀孔

石英斑岩，基质少量溶蚀。

塔里木盆地，英买 16 井，5197.70m，正交偏光，×5

图 3-112　粒内溶蚀孔

长石晶间橄榄石被淋滤成溶蚀孔。

大港油田，枣 78 井，1570.20m，SEM

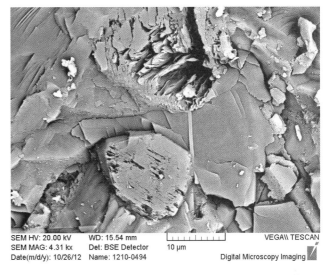

图 3-113　粒内溶蚀孔

斜发沸石溶蚀（杏仁玄武岩）。

三塘湖盆地，M19 井，1549.52m，单偏光，蓝色
铸体

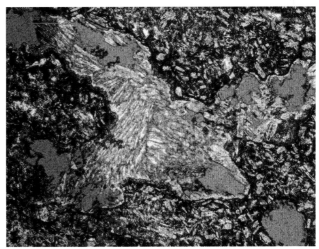

图 3-114　粒间溶蚀孔

碎裂玄武岩，蚀变和溶蚀作用强烈，玄武岩碎块间
溶蚀孔、溶浊缝发育，孔缝相互缝间通。

冀东油田，高 29X6 井，2258.40m，单偏光，×5

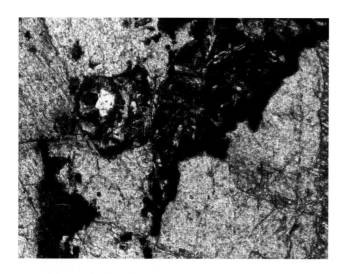

图 3-115 粒间溶蚀孔

碎裂玄武岩，蚀变和溶蚀作用强烈，方解石交代玄武岩碎块，碎块间溶蚀孔、溶浊缝发育，孔缝相互缝沟通。

冀东油田，高 29X6 井，2258.40m，单偏光，×5

图 3-116 粒间溶蚀孔

晶屑凝灰岩，溶蚀孔、溶蚀缝发育。

三塘湖盆地，马 19 井，2431.50m，单偏光，×5

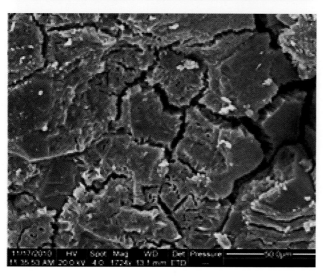

图 3-117 冷凝收缩缝

碱性长石斑晶中的微裂缝。

塔里木油田，马纳 1 井，5166.00m，正交偏光，×5

图 3-118　冷凝收缩缝

杏仁体冷凝收缩缝（杏仁状玄武岩）。

三塘湖盆地，塘参 3 井，3171.00m，正交偏光，蓝色铸体

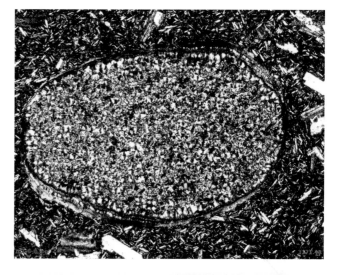

图 3-119　冷凝收缩缝

杏仁体冷凝收缩缝（杏仁状玄武岩）。

三塘湖盆地，塘参 3 井，3171.00m，单偏光，蓝色铸体

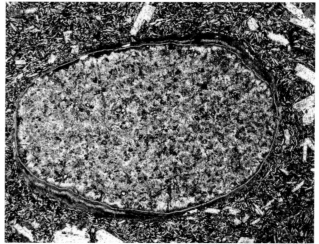

图 3-120　冷凝收缩缝

气孔杏仁玄武岩，杏仁体被绿泥石完全充填，杏仁体中发育收缩缝。

塔里木田田，英买 5 井，5434.50m，单偏光，×5

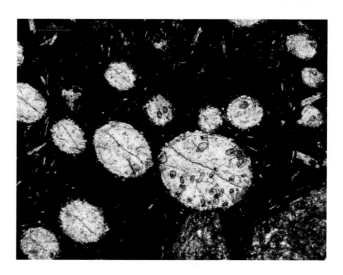

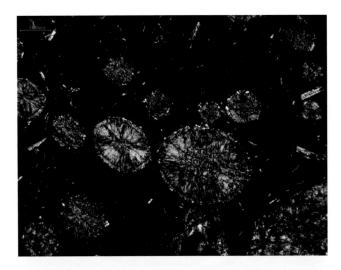

图 3-121　冷凝收缩缝

气孔杏仁玄武岩，杏仁体被绿泥石完全充填，杏仁体中发育收缩缝。

塔里木油田，英买 5 井，5434.50m，正交偏光，×5

图 3-122　冷凝收缩缝

溶孔边部绿泥石、核部八面沸石收缩缝（伊丁石化玄武岩）。

三塘湖盆地，马 17 井，1551.94m，单偏光，蓝色铸体

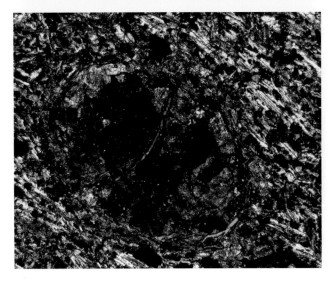

图 3-123　冷凝收缩缝

溶孔边部绿泥石、核部八面沸石收缩缝（伊丁石化玄武岩）。

三塘湖盆地，马 17 井，1551.94m，正交偏光，蓝色铸体

图 3-124　冷凝收缩缝

孔隙中填充的火山灰和泥质物因脱水、干缩形成的收缩缝。

松辽盆地，升深 2-6 井，2941.64m，单偏光，蓝色铸体

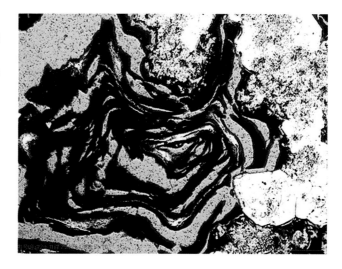

图 3-125　冷凝收缩缝

孔隙中填充的火山灰和泥质物因脱水、干缩形成的收缩缝。

松辽盆地，升深 2-6 井，2941.64m，单偏光，蓝色铸体

图 3-126　冷凝收缩缝

溶孔边部绿泥石、核部八面沸石收缩缝（伊丁石化玄武岩）。

三塘湖盆地，马 17 井，1551.94m，正交偏光，蓝色铸体

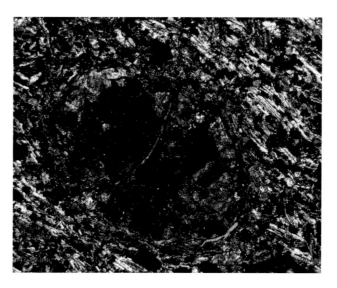

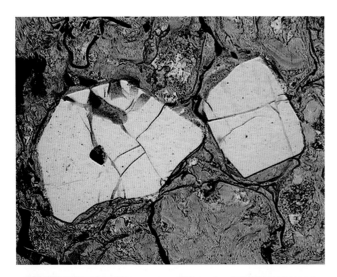

图 3-127　炸裂缝
石英斑晶内炸裂缝。

松辽盆地，升深 2 井，2987.31～3003.31m，单偏光

图 3-128　炸裂缝
橄榄石粒间缝。

枣 78 井，A016，SEM

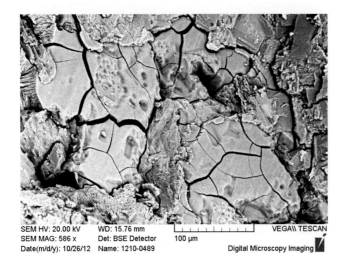

图 3-129　炸裂缝
枣 78 井，A016，SEM

图 3-130　构造缝 + 冷凝收缩缝

橄榄石粒内缝宽 1~5μm，构造缝、节理缝发育，孔隙连通性好。

大港油田，枣 78 井，1526.06m，SEM

SEM HV: 20.00 kV　WD: 13.57 mm　Det: BSE Detector　100 μm　VEGA\\ TESCAN
SEM MAG: 579 x　Date(m/d/y): 10/26/12　Name: 1210-0480　Digital Microscopy Imaging

图 3-131　构造缝 + 冷凝收缩缝

橄榄石粒内裂缝发育宽 1~5μm（图 3-130 放大）。

大港油田，枣 78 井，1526.06m，SEM

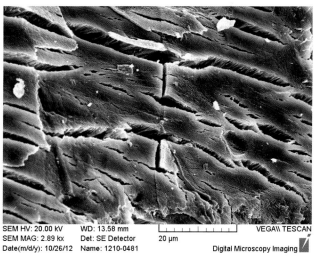

SEM HV: 20.00 kV　WD: 13.58 mm　Det: SE Detector　20 μm　VEGA\\ TESCAN
SEM MAG: 2.89 kx　Date(m/d/y): 10/26/12　Name: 1210-0481　Digital Microscopy Imaging

图 3-132　构造缝、长石斑晶溶缝

石英霏细斑岩，岩石具斑状结构，基质具霏细结构，斑晶裂纹发育，裂纹中充填绿泥石、方解石。

塔里木盆地，羊塔 8 井，5770.50m，单偏光，×5

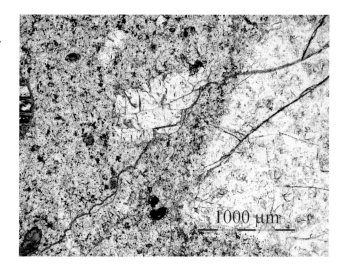

1000 μm

图 3-133　构造缝

橄榄石裂理及构造缝（伊丁石化玄武岩）。

三塘盆地湖，牛东 9-8 井，1669.30m，正交偏光

图 3-134　构造缝

橄榄石裂理及构造缝，橄榄石蛇纹石化、伊丁石化（伊丁石化玄武岩）。

三塘湖盆地，牛东 9-8 井，1508.53m，正交偏光，蓝色铸体

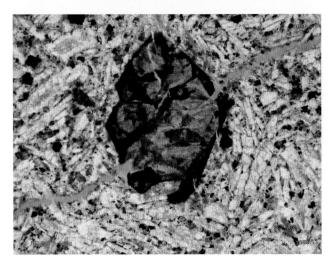

图 3-135　构造缝

橄榄石裂理及构造缝，橄榄石蛇纹石化、伊丁石化（伊丁石化玄武岩）。

三塘湖盆地，牛东 9-8 井，1508.53m，单偏光，蓝色铸体

图 3-136　构造缝

橄榄石裂理及构造缝，橄榄石蛇纹石化（伊丁石化玄武岩）。

三塘湖盆地，牛东 9-8 井，1508.53m，单偏光，蓝色铸体

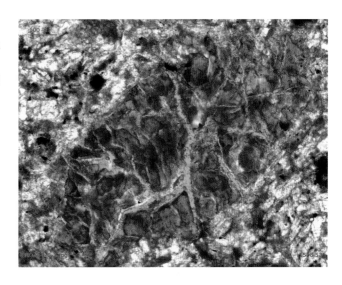

图 3-137　构造缝（岩心）

安山岩中的构造裂缝。

歧古 2 井，2326.30m，中生界

图 3-138　构造缝

玄武岩，裂缝穿透整个长石斑晶，另发育多条微裂缝。

塔里木盆地，胜利 1 井，5247.80m，单偏光，×5

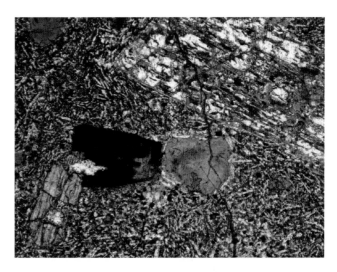

图 3-139　构造缝

石英斑岩，切割钾长石斑晶的微裂缝和石英脉。

塔里木盆地，英买 16 井，5196.50m，单偏光，×5

图 3-140　构造微缝和角闪石解理形成网状缝

粗面岩，斑状结构，方解石沿角闪石斑晶解理和微裂缝胶结。

辽河油田，黄 95 井，2650.00m，单偏光，×10

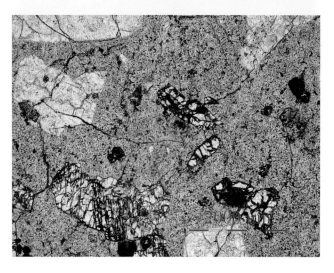

图 3-141　构造缝、斑晶微缝

石英霏细斑岩，岩石具斑状结构，基质具霏细结构，斑晶裂纹发育，裂纹中充填绿泥石。

塔里木盆地，羊塔 8 井，5570.50m，单偏光，×2.5

图 3-142　溶蚀缝

浊沸石溶蚀，溶蚀缝与构造缝相连通形成网状裂缝（浊沸石化玄武岩）。

三塘湖盆地，马 19 井，1537.83m，单偏光，蓝色铸体

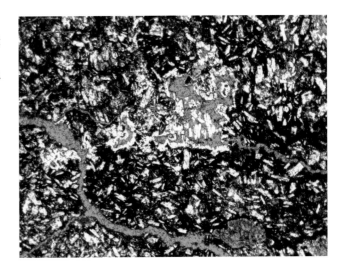

图 3-143　溶蚀缝

玄武岩，辉石假晶内溶蚀微裂隙。

冀东油田，北 5 井，4150.20m，单偏光，×5

图 3-144　溶蚀缝

玄武岩，辉石假晶内溶蚀微裂隙。

冀东油田，北 5 井，4150.20m，正交偏光，×5

图 3-145　溶蚀缝

玄武岩，蚀变和溶蚀作用强烈，溶蚀缝沟通溶蚀孔。

冀东油田，高 29X6 井，2258.40m，单偏光，×5

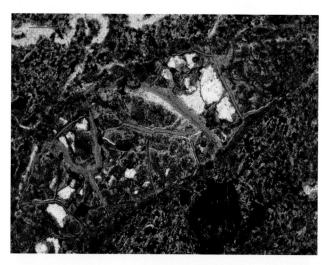

图 3-146　溶蚀缝

溶蚀缝、收缩缝相连（伊丁石化玄武岩）。

三塘湖盆地，马 17 井，1551.94m，单偏光，蓝色
铸体

图 3-147　溶蚀缝

溶蚀缝与构造缝相连通形成网状裂缝（浊沸石化安
山岩）。

三塘湖盆地，马 17 井，2372.65m，单偏光，蓝色
铸体

图 3-148 溶蚀缝

溶蚀缝与构造缝相连通形成网状裂缝（浊沸石化安山岩）。

三塘湖盆地，马 17 井，2372.65m，单偏光，蓝色铸体

图 3-149 溶蚀缝

流纹岩，构造缝溶蚀扩大。

松辽盆地，龙深 302 井，4367.68m，单偏光，蓝色铸体

图 3-150 风化缝（岩心）

风化玄武岩，风化深褐色铁质侵染岩石表面，裂缝发育。

三塘湖盆地，牛东 9-10 井，1504.74m

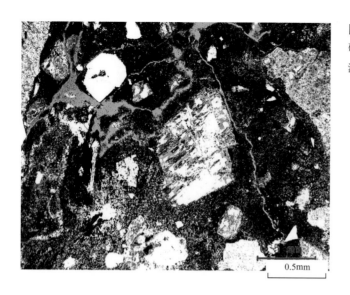

图 3-151　风化缝与风化溶蚀孔

碎裂火山角砾凝灰岩。

滴 403 井，3818.55m，单偏光，蓝色铸体

0.5mm

第三节　不同岩性火山岩储集空间特征

火山岩储集层的储集空间具有多样性，不同储集空间相互组合，形成孔、缝双介质储层，孔隙结构复杂，导致物性变化大，非均质性严重。总体来看，火山碎屑岩、熔岩及浅成侵入岩均可成为有效储层，以中－较高孔隙度、低－中等渗透性、强非均质性为主，孔渗相关性差。孔隙度最大可超过 30%，平均 10% 左右；渗透率显示出强烈的非均质性，最大超过 $1000 \times 10^{-3} \mu m^2$，但总体上较低，大多数小于 $1 \times 10^{-3} \mu m^2$，其中很大部分小于 $0.01 \times 10^{-3} \mu m^2$（图 3-152）。

不同地区、不同储层段火山岩物性差异也比较大。松辽盆地营城组火山岩中酸性岩物性条件要好于中基性岩：其中流纹岩、流纹质火山角砾岩物性最好，孔隙度平均值分别为 6.98%、10.4%，渗透率平均值分别为 $0.43 \times 10^{-3} \mu m^2$、$1.7 \times 10^{-3} \mu m^2$；流纹质晶屑熔结凝灰岩、流纹质凝灰熔岩、物性次之，孔隙度平均值分别为 5.99%、4.45%，渗透率平均值分别为 $0.06 \times 10^{-3} \mu m^2$、$0.09 \times 10^{-3} \mu m^2$；流纹质凝灰岩和粗面岩物性较差孔隙度平均值分别为 4.45%、2.1%，渗透率平均值分别为 $0.09 \times 10^{-3} \mu m^2$；玄武岩、安山质凝灰熔岩、安山质火山角砾岩、英安岩物性依次变差，孔隙度平均值分别为 4.65%、4.4%、1.9%、1.8%，渗透率平均值分别为 $0.64 \times 10^{-3} \mu m^2$、$0.04 \times 10^{-3} \mu m^2$、$1.39 \times 10^{-3} \mu m^2$。流纹岩对孔隙度和渗透率的贡献最大，流纹质火山角砾岩对渗透率的贡献率高于对孔隙的贡献。

准噶尔盆地石炭系火山岩孔隙度以气孔杏仁体发育熔岩相对较高（21.49%~5.96%），而其他岩类如火山碎屑岩、块状致密熔岩等则相对较低（9.27%~1.71%）为特征。但大部分岩类大于 5%，岩性对孔隙度影响不是十分明显。渗透率总体上很低，岩性和渗透率没有相关性，其中，凝灰质火山角砾岩（$40.615 \times 10^{-3} \mu m^2$）、杏仁状玄武岩（$16.758 \times 10^{-3} \mu m^2$）和杏仁状

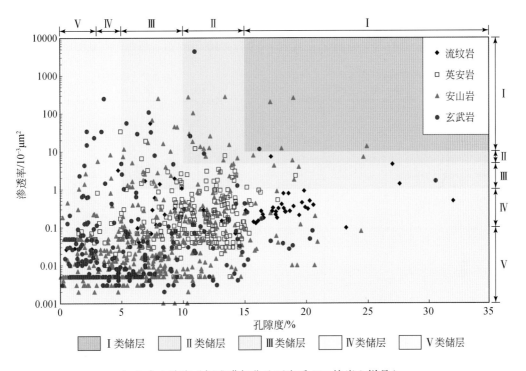

（a）火山熔岩（据准噶尔盆地石炭系 978 块岩心样品）

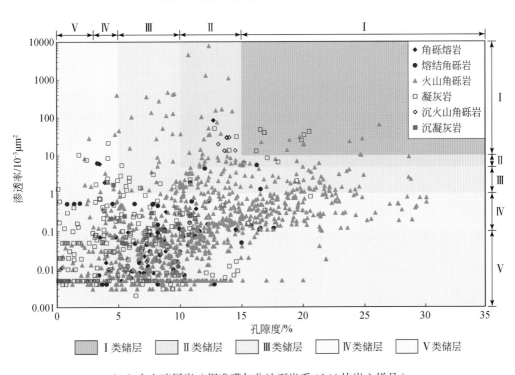

（b）火山碎屑岩（据准噶尔盆地石炭系 1266 块岩心样品）

图 3-152　火山岩孔隙度与渗透率关系图（储层分类据 SY/T 6285-2011）

安山岩（$1.319 \times 10^{-3} \mu m^2$）平均渗透率相对较高，而其他岩石的平均渗透率大多数都在 $1 \times 10^{-3} \mu m^2$ 以下，最低的两个分别是玄武岩（$0.049 \times 10^{-3} \mu m^2$）、辉绿岩（$0.056 \times 10^{-3} \mu m^2$）。

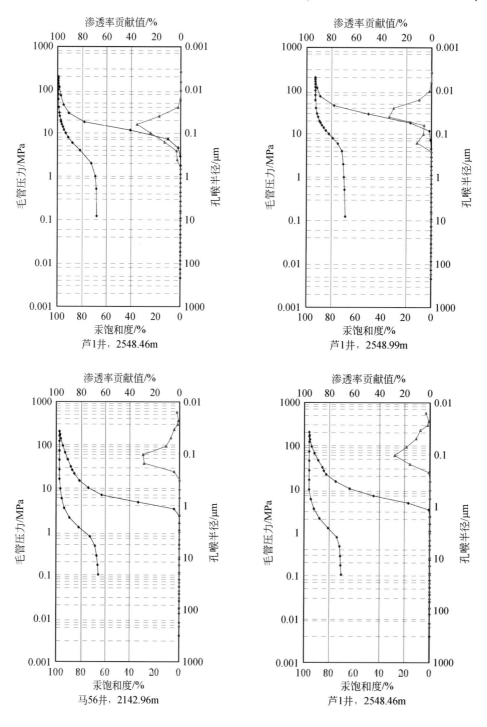

图 3-153　马朗凹陷条湖组二段沉凝灰岩毛管压力曲线

吐哈油田马朗－条湖凹陷沉凝灰岩储层属于非常规致密油气的范畴，储层碎屑类型以英安质火山玻屑为主，占 85% 左右，少量长石晶屑，占 5% 左右，储层颗粒极细，大小主要分布在 15μm 以下，属细粉砂－极细粉砂、甚至泥级，少量为粗粉砂或极细砂；储层储集空间以"微孔、微洞、微缝"为主，且极其发育（图 3-153）。对该层段 5 口井 60 个孔隙度样品和 69 个渗透率样品进行统计分析，孔隙度介于 5.5%~24.4%，普遍高于 10%，平均 16.0%；渗透率小于 $0.5 \times 10^{-3} \mu m^2$ 的样品占 90% 以上，平均为 $0.24 \times 10^{-3} \mu m^2$，储层具中高孔、特低渗特征（图 3-154）。

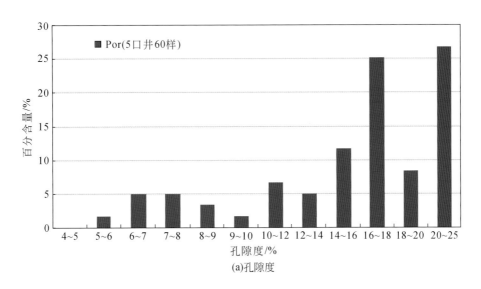

(a)孔隙度

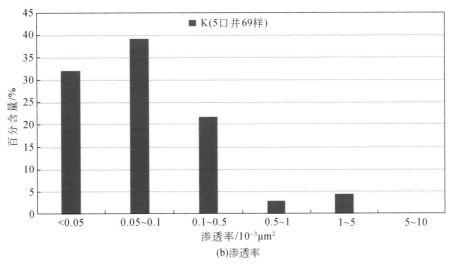

(b)渗透率

图 3-154　三塘湖盆地马朗凹陷条湖组二段储层物性分布图

另外，不同岩石类型，储集空间类型发育也存在差异。一般来说，火山熔岩为原生孔发育，火山碎屑岩为次生孔隙发育，气孔熔岩储集空间以原生孔隙为主（约占 70%）；块状熔岩以原生裂缝和次生裂缝为主；火山碎屑熔岩中各类储集空间均有分布，隐爆角砾岩以次生裂缝为主；火山碎屑岩和沉火山碎屑岩以次生孔隙和次生裂缝为主（图 3-155，表 3-2）。

表 3-2　火山岩性与储集空间类型

	岩性	储集空间类型和平均面孔率/%					样本数	主要储集空间组合	次要储集空间组合	储集性能
		原生气孔	原生微孔	原生裂缝	次生孔隙	次生裂缝				
火山熔岩	流纹岩：气孔、石泡、杏仁流纹岩	20.2	2.6	0.5	2.1	1.9	36	原生气孔+构造溶蚀缝	收缩孔+溶孔+溶蚀缝	好
	流纹构造流纹岩	5.3	3.2	0.2	1.4	2.9	16	原生气孔+构造溶蚀缝	晶间孔+溶孔+溶蚀缝	好
	球粒流纹岩	4.2	4.9	1.9	3.9	1.7	17	原生气孔+晶间孔+构造裂缝	溶孔+溶蚀缝+收缩缝	好
	块状流纹岩	1.3	3.5	1.7	3.4	3.2	17	溶孔+构造裂缝	收缩孔+溶蚀缝+收缩缝	好
	安山岩：气孔、杏仁安山岩	17.1	0.3	0.2	1.7	2.7	2	原生气孔+构造溶蚀裂缝	溶孔+溶蚀缝	好-中
	块状安山岩	1.1	2.1	2.3	1.3	3.9	4	晶间孔+溶孔+构造裂缝	晶间孔+收缩缝	中
	玄武岩：气孔、杏仁玄武岩	20.1	0.3	1.0	2.1	3.1	8	原生气孔+构造溶裂缝	溶孔+溶蚀缝	好-中
	块状玄武岩	1.2	0.5	1.8	1.8	4.6	3	晶间孔+溶蚀孔+构造裂缝	晶间孔+收缩缝	中
火山碎屑熔岩	火山角砾熔岩	1.0	5.4	1.5	2.8	0.7	7	收缩孔+溶孔+溶蚀缝	溶孔+收缩缝	中
	凝灰熔岩、熔结凝灰岩	4.2	1.2	3.0	3.0	2.9	24	原生气孔+溶孔+溶蚀缝	溶孔+溶缝	好
	隐爆角砾岩			0.1	8.1	15.0	14	砾间孔+隐爆缝	溶孔+溶缝	中
火山碎屑岩	火山角砾岩	0.7	1.2		4.7	1.8	6	砾间孔+溶缝	溶孔+溶缝	中
	凝灰岩	0.3	0.2	1.4	3.8	1.5	7	溶孔+构造溶蚀缝	溶孔+收缩缝	中-差
沉火山碎屑岩	沉火山角砾岩		0.1	0.4	1.2	0.2	2	砾间孔+收缩缝	—	差
	沉凝灰岩		0.3		0.4	1.40	3	溶孔+溶缝	—	差

注：据火山岩油气藏的形成机制与分布规律（2009CB219300）项目组。

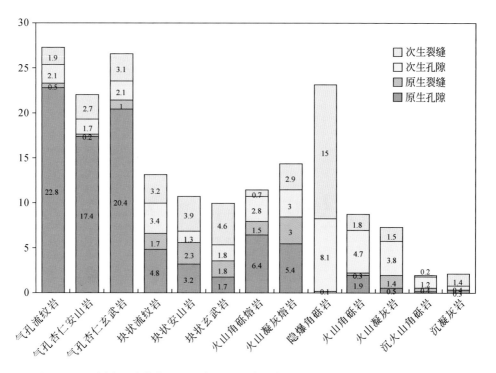

图 3-155　不同火山岩储集空间发育差异及其组合（据松辽盆地 166 块岩心样品）

据火山岩油气藏的形成机制与分布规律（2009CB219300）项目组

火山岩储层成岩作用及演化特征

火山岩成岩作用在岩石学和储层地质学领域研究相对较少，目前缺乏统一的概念。与沉积岩成岩作用概念相对应，火山岩成岩作用可以定义为"岩浆由地下深部上升到地下较浅处或地表，冷凝固结形成火山岩过程期间发生的物理、化学作用"；后生成岩作用可以定义为"形成火山岩后到形成沉积岩或变质岩之前发生的所有物理、化学作用"。这两个阶段无论是作用因素、作用方式和类型，还是所引起岩石产生的变化及其对储层发育产生的影响等都存在很大差异。

第一节　火山岩储层成岩作用类型

火山岩储集空间的形成、发展等演化过程非常复杂。各个演化过程中都会发生不同的成岩作用，对储层起到了破坏和改善的双重作用。火山岩成岩作用主要有爆裂破碎作用、结晶分异作用、冷凝固结作用、风化淋滤作用、构造作用、充填胶结作用、溶蚀作用、交代蚀变作用、脱玻化作用等。

一、爆裂破碎作用

爆裂破碎作用指火山喷发时，地下深部上升的高温高压岩浆、气体和热液冲出地面，产生猛烈爆炸，使岩石破裂、变形的作用。

二、结晶分异作用

这是炽热岩浆自析晶开始到完全固结的整个过程都在进行的一种作用。随着岩浆矿物结晶的进行，先结晶出的矿物如橄榄石、基性斜长石等，由于比重大，可下沉到岩浆底部堆积在一起，后期结晶出的比重小的矿物将上浮在岩浆上部堆积。根据析出晶体的不同形成不同结构（如玻璃质结构、半晶质结构等）和不同岩性（如玄武岩、安山岩、流纹岩等）的火山岩。

三、冷凝固结作用

地层深处炽热熔浆沿断裂带喷出或溢出地表后，急剧的冷凝固结成岩，时间一般几天到几个月。形成原生气孔、晶间孔、冷凝收缩缝、砾间裂缝等大量原生储集空间，是火山岩非常重要的一个成岩作用。

四、风化淋滤作用

火山岩在纵向上发育多期火山喷发旋回，每个旋回间歇均可形成了一套风化淋滤作用面，比如在新疆北部石炭纪末期，由于强烈挤压抬升作用，对早期喷发至地表的火山岩机械破碎、风化剥蚀和溶解淋滤，因此改造扩大和连通了原生储集空间，这便是构成该区次生溶蚀型火山岩储层的主要形成机制。岩心分析的数据统计显示，风化淋滤对储集岩的孔隙度具有明显的改善作用，同时风化强度越大其孔隙度越发育。如未风化玄武岩平均原始孔隙度为3.1%，弱风化玄武岩其平均孔隙度为7.5%，强风化玄武岩平均孔隙度为13.4%（图4.1）。

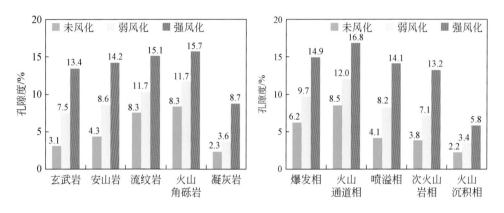

图4-1 不同岩性岩相、风化程度火山岩的平均孔隙度分布图（据准噶尔盆地石炭系1637块火山岩岩心样品）

五、构造作用

构造运动使得原本致密的火山岩产生了众多裂缝。薄片中表现为裂缝边缘较平直，延伸较长，可以切穿角砾及基质，在其交叉处可见到大小不同、棱角分明的角砾。这些裂缝不但使孤立的原生气孔得以连通，而且还增大了火山岩的储集空间（图4-2~图4-9）。

六、充填胶结作用

伴随着蚀变、矿物转化的进行，火山热液携带大量矿物质和金属化合物，在适当条件下结晶、析出，成为火山岩储集空间的主要填隙物（图4-10~图4-54）。

七、溶蚀作用

形成于高温高压环境下的火山岩矿物常发生次生变化形成稳定的含水矿物，这种次生变化一方面使矿物体积膨胀堵塞孔隙，另一方面为后期溶蚀创造了条件。火山岩在深埋过程中，长期遭受地层水和有机酸等流体的溶蚀作用，形成最主要的储集空间。在中基性的玄武岩、安山岩中主要发生早期充填物及蚀变物的再溶蚀，如绿泥石、方解石等；英安岩中则主要发生角闪石、长石斑晶基质的溶蚀；而对于碱性、强碱性的粗面岩和响岩类岩石，由于它们岩性含较强碱性，对酸性环境更为敏感，一旦介质环境由碱性变为酸性，则其中的大量碱性长石斑晶及基质就会发生溶蚀（图4-55~图4-59）。

八、交代蚀变作用

火山岩中暗色矿物的Fe、Mg元素含量高时，矿物稳定性差，极易蚀变。例如，辉石和角闪石蚀变为绿泥石，基性斜长石蚀变为高岭石、绢云母、绿泥石，橄榄石的伊丁石化，绿泥石蚀变为沸石、碳酸盐等矿物，以及凝灰岩基质的碳酸盐化、浊沸石化等（图4-60~图4-89）。

九、脱玻化作用

随着地质时代的增长和挥发组分，温度和压力的参与，玻璃质将逐渐转化为稳定态的结晶质，这一过程叫做脱玻化作用。

玻璃质脱玻化作用可生成以下结构。雏晶结构：由一些颗粒极细的雏晶组成，雏晶的形态各异，有球雏晶、串珠雏晶、针雏晶、发雏晶及羽雏晶（枝晶）等。进一步可形成微晶。霏细结构：岩石主要由极细的、它形长英质矿物颗粒的集合体组成，颗粒之间的界线模糊。球粒结构：长英质矿物形成放射状的球形的集合体，在正交偏光下呈十字消光。

图4-2 构造作用（岩心）
玄武岩中的构造裂缝。

四川盆地，周公2井，3232.00m

图 4-3　构造作用（岩心）
玄武岩中的构造裂缝。
四川盆地，周公 2 井，3230.00m

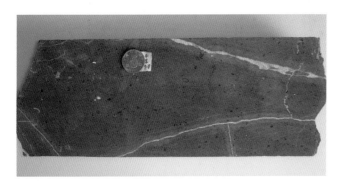

图 4-4　构造作用（岩心）
玄武岩中的构造裂缝。
三塘湖盆地，牛东 9-8 井，1687.72m

图 4-5　构造作用（岩心）
玄武岩中的高角度构造裂缝。
大港油田，枣 78 井，1567.97~1571.50m

图 4-6 构造作用

构造作用导致网状裂缝发育（浊沸石化安山岩）。

三塘湖盆地，马 17 井，2372.65m，单偏光，蓝色铸体

图 4-7 构造作用

构造作用导致网状裂缝发育（浊沸石化安山岩）。

三塘湖盆地，马 17 井，2372.65m，单偏光，蓝色铸体

图 4-8 构造作用

晚期微裂缝切割早期方解石充填裂缝（伊丁石玄武岩）。

三塘湖盆地，牛东 9-8 井，1669.30m，正交偏光，蓝色铸体

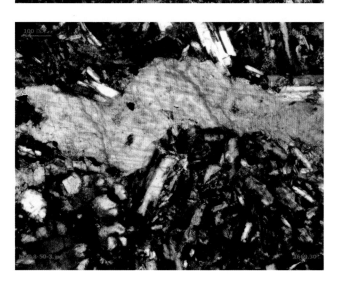

图 4-9　构造作用

晚期微裂缝切割早期方解石充填裂缝（伊丁石玄武岩）。

三塘湖盆地，牛东 9-8 井，1669.30m，单偏光，蓝色铸体

图 4-10　充填胶结作用

石英霏细斑岩，岩石具斑状结构，基质具霏细结构，斑晶裂纹发育，裂纹中充填绿泥石、方解石。

塔里木盆地，羊塔 8 井，5770.50m，正交偏光，×2.5

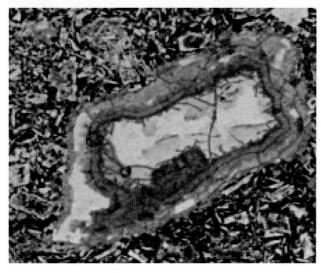

图 4-11　充填胶结作用

方解石化玄武安山岩，杏仁体内充填绿泥石、方解石、铁质。

辽河油田，小 8 井，3274.00m，正交偏光，×2.5

图 4-12　充填胶结作用

硅质、边部绿泥石充填杏仁体（杏仁玄武岩）。

三塘湖盆地，马 19 井，2328.20m，单偏光

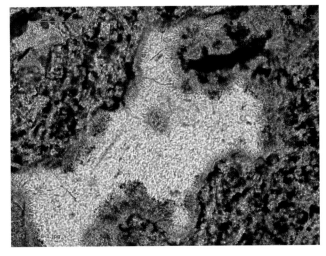

图 4-13　充填胶结作用

构造缝缝壁被纤维状绿泥石充填、中心被方解石充填，安山岩。

大港油田，扣 12 井，1933.60m，单偏光

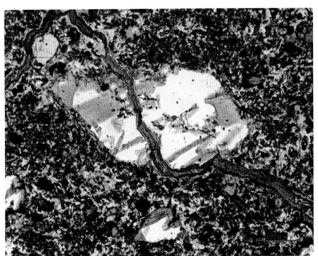

图 4-14　充填胶结作用

杏仁体绿泥石、绿纤石充填（杏仁玄武岩）。

三塘湖盆地，牛东 9-8 井，1678.60m，单偏光

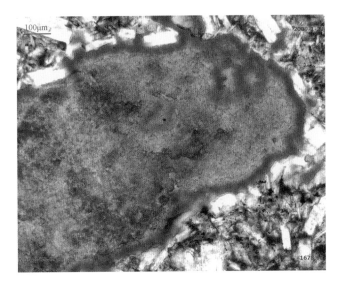

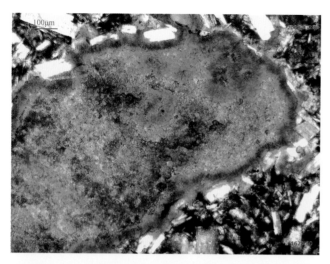

图 4-15　充填胶结作用

杏仁体绿泥石、绿纤石充填（杏仁玄武岩）。

三塘湖盆地，牛东 9-8 井，1678.60m，正交偏光

图 4-16　充填胶结作用

构造缝缝壁被纤维状绿泥石充填、中心被方解石充填。

大港油田，扣 12 井，安山岩，1933.60m，正交偏光

图 4-17　充填胶结作用

杏仁体边部充填斜发沸石，核部充填绿泥石（杏仁玄武岩）。

三塘湖盆地，马 19 井，1553.37m，正交偏光

图 4-18　充填胶结作用

气孔杏仁玄武岩气孔被绿泥石和长石完全充填。

塔里木油田，满西 2 井，4480.70m，单偏光，×10

图 4-19　充填胶结作用

气孔杏仁玄武岩气孔被绿泥石和长石完全充填。

塔里木油田，满西 2 井，4480.70m，正交偏光，×10

图 4-20　充填胶结作用

硅质、边部绿泥石充填杏仁体（杏仁玄武岩）。

三塘湖盆地，马 17 井，2328.20m，单偏光

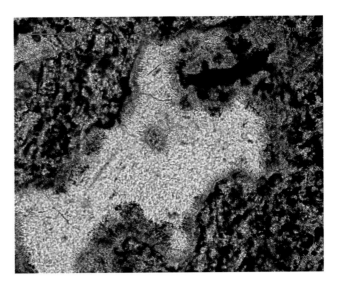

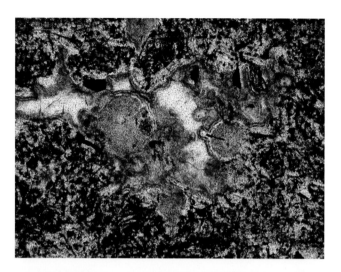

图 4-21　充填胶结作用

硅质、边部绿泥石充填杏仁体（杏仁玄武岩）。

三塘湖盆地，马 17 井，2328.20m，单偏光

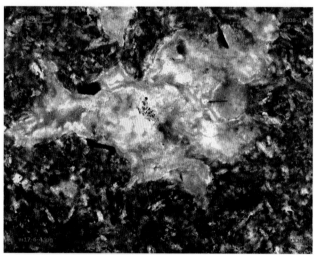

图 4-22　充填胶结作用

硅质、边部绿泥石充填杏仁体（杏仁玄武岩）

三塘湖盆地，马 17 井，2328.20m，正交偏光

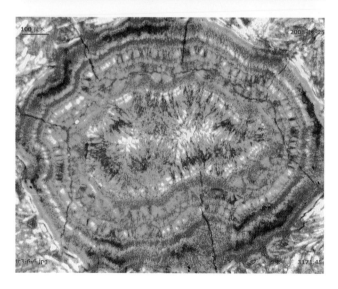

图 4-23　充填胶结作用

硅质、绿泥石充填杏仁体（杏仁玄武岩）。

三塘湖盆地，塘参 3 井，3171.48m，正交偏光

图 4-24　充填胶结作用

硅质、绿泥石充填杏仁体（杏仁玄武岩）。

三塘湖盆地，塘参 3 井，3171.48m，单偏光

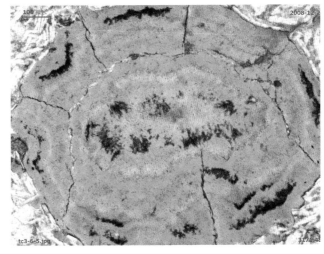

图 4-25　充填胶结作用

杏仁体球粒放射状黏土矿物充填（杏仁玄武岩）。

三塘湖盆地，牛东 9-8 井，1678.60m，正交偏光

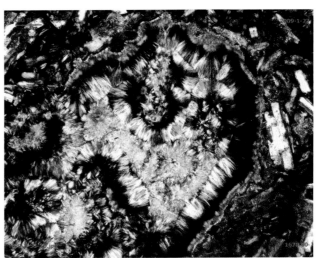

图 4-26　充填胶结作用

杏仁体球粒放射状黏土矿物充填（杏仁玄武岩）。

三塘湖盆地，牛东 9-8 井，1678.60m，单偏光

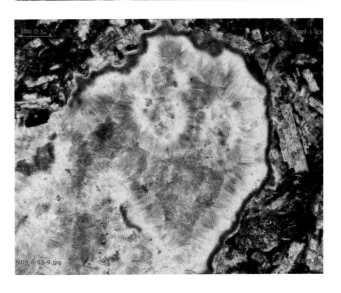

图 4-27　充填胶结作用

杏仁玄武岩，杏仁体边部浊沸石充填，核部绿泥石充填。

三塘湖盆地，塘参 3 井，3172.38m，正交偏光

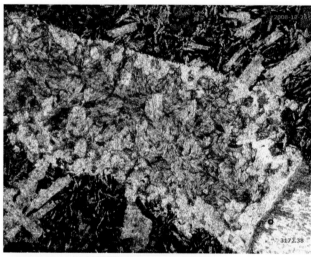

图 4-28　充填胶结作用

杏仁玄武岩，杏仁体边部浊沸石充填，核部绿泥石充填。

三塘湖盆地，塘参 3 井，3172.38m，单偏光

图 4-29　充填胶结作用（岩心）

紫红色玄武岩，气孔内充填暗色硅质矿物，具流纹状，砾间铁质充填，为隐晶质。

四川油田，周公 2 井，3155.66~3155.83m

图 4-30　充填胶结作用（岩心）

灰绿色厚层块状玄武岩；晚期溶蚀孔洞发育，被花边状粗—巨晶方解石全部充填。

四川油田，周公 2 井，3223.69~3224.04m

图 4-31　充填胶结作用

硅质、边部绿泥石充填杏仁体（杏仁玄武岩）。

三塘湖盆地，马 17 井，2328.20m，单偏光

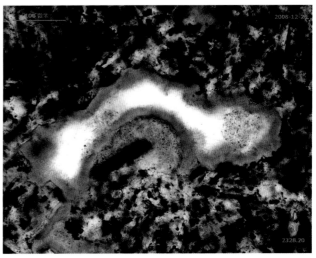

图 4-32　充填胶结作用

硅质、边部绿泥石充填杏仁体（杏仁玄武岩）。

三塘湖盆地，马 17 井，2328.20m，正交偏光

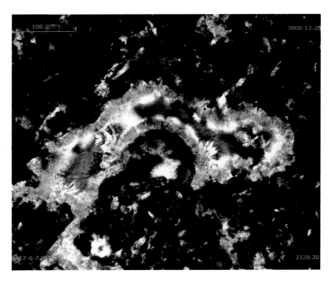

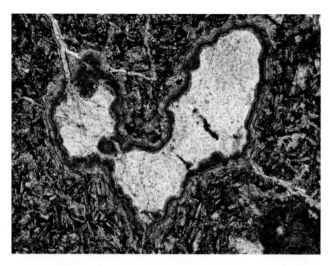

图 4-33　充填胶结作用

气孔充填，外环绿泥石，核部硅质（杏仁玄武岩）。

三塘湖盆地，马 19 井，1561.89m，单偏光

图 4-34　充填胶结作用

杏仁体发育，硅质充填（蚀变玄武岩）。

三塘湖盆地，牛东 9-8 井，1671.36m，正交偏光

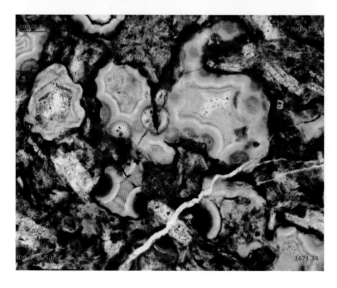

图 4-35　充填胶结作用

杏仁体发育，硅质充填（蚀变玄武岩）。

三塘湖盆地，牛东 9-8 井，1671.36m，单偏光

图 4-36　充填胶结作用

蛭石沿斜长石解理缝分布（辉绿岩）。

三塘湖盆地，塘参 3 井，1901.40m，正交偏光

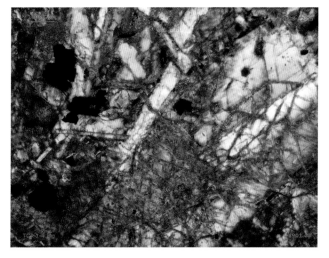

图 4-37　充填胶结作用

蛭石沿斜长石解理缝分布（辉绿岩）。

三塘湖盆地，塘参 3 井，1901.40m，单偏光

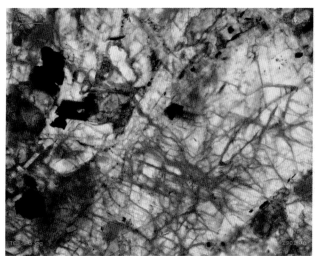

图 4-38　充填胶结作用

浊沸石沿同心圆充填生长（杏仁状绿纤石化玄武岩）。

三塘湖盆地，牛东 9-8 井，1648.88m，正交偏光

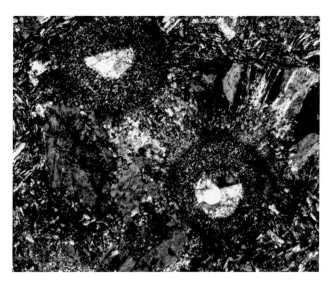

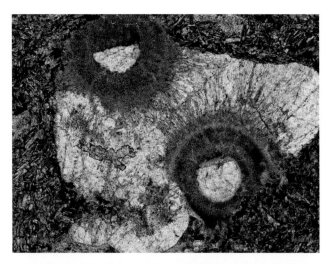

图 4-39　充填胶结作用

浊沸石沿同心圆充填生长（杏仁状绿纤石化玄武岩）。

三塘湖盆地，牛东 9-8 井，1648.88m，单偏光

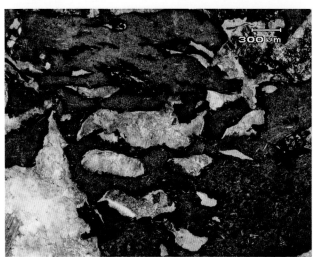

图 4-40　充填胶结作用

角砾结构；角砾主要由气孔玄武岩构成，具有较多的气孔和撕裂状外形，铁质氧化边明显，气孔和角砾间几乎被绿泥石（黄绿色）和方解石（染色为红色）充填；方解石局部被白云石化（褐红色火山角砾岩）。

四川油田，周公 2 井，3234.38~3234.50m，单偏光

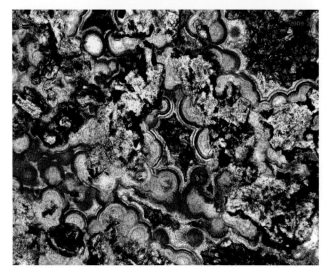

图 4-41　球粒放射状沸石充填

岩性：蚀变状玄武岩。

特征：缝或溶孔、洞内沸石呈球粒放射状充填。

三塘湖盆地，石炭系卡拉岗组，牛东 9-8 井，1682.04m，单偏光

图 4-42　玄武岩中杏仁体内充填绿纤石

结构构造：少斑结构，基质交织结构，岩石块状构造。

特征：岩石致密，仅杏仁体内绿纤蛇纹石中有溶裂缝。

三塘湖盆地，石炭系卡拉岗组，牛东 9-8 井，1566.90m，单偏光

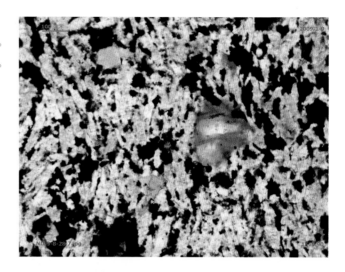

图 4-43　气孔中绿泥石、方解石充填

特征：安山岩，气孔杏仁构造，气孔中充填绿泥石、方解石；少量暗色矿物斑晶几乎全部被绿泥石交代。

松辽盆地，白垩系营城组，徐深 13 井，4246.45m，单偏光

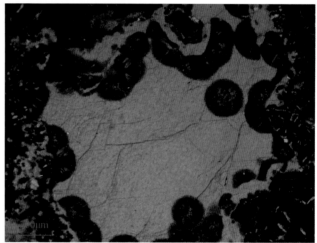

图 4-44　气孔中绿泥石、沸石充填

特征：安山岩，气孔杏仁构造，气孔中充填绿泥石、沸石。

松辽盆地，白垩系营城组，林深 3 井，3800.91m，单偏光

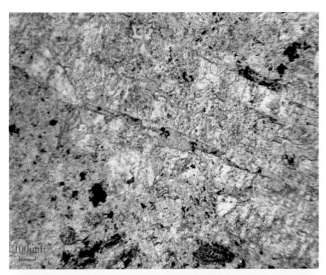

图 4-45　长石解理缝充填绿泥石

特征：英安岩，斑晶可见高岭土化与钠长石化，长石发育解理缝，解理缝中充填绿泥石。

松辽盆地，白垩系营城组，林深 3 井，3800.38m，单偏光

图 4-46　气孔中充填的绿泥石、方解石

岩性：灰黑色玄武岩，杏仁构造，岩石较致密。

松辽盆地，白垩系营城组，达深 4 井，3265.19m，单偏光

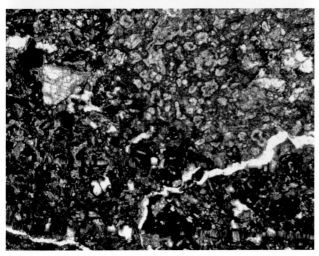

图 4-47　玄武质熔结火山角砾岩中角砾的气孔及充填物

结构构造：熔结角砾结构，岩石块状构造。

矿物组成：最大粒级 4mm×6mm，一般粒状，粒级 0.2~0.4mm，角砾含量 40%，凝灰质 20%。角砾主要为铁染玄武岩、杏仁状玄武岩、凝灰岩岩屑，胶结物主要为黏土化的火山玻璃和火山灰，见绿泥石化、水云母化。

特征：火山角砾中气孔、杏仁体发育。

三塘湖盆地，石炭系卡拉岗组，牛东 9-8 井，1541.73m，单偏光

图 4-48　方解石与热液绿泥石胶结

特征：热液流体中直接沉淀的绿泥石或以薄膜状分布于矿物颗粒边缘和沿气孔壁分布，或以栉壳状、簇状、放射状等形状分布于气孔、裂缝中。

松辽盆地，白垩系营城组，徐深 13 井，4249.44m，单偏光

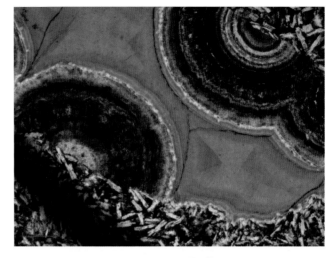

图 4-49　气孔中充填的石英及石英加大边

特征：基质溶蚀孔发育，气孔中充填石英，发育石英加大边。

松辽盆地，白垩系营城组，徐深 8 井，3749.54m，单偏光，蓝色铸体

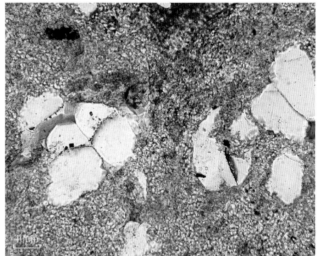

图 4-50　气孔中充填的亮晶方解石

特征：亮晶方解石充填在气孔中，解理发育。

松辽盆地，白垩系营城组，徐深 4 井，3986.200m，单偏光

图 4-51　次生菱铁矿

松辽盆地，白垩系营城组，徐深 1 井，3634.42m，
单偏光

图 4-52　次生菱铁矿

松辽盆地，白垩系营城组，徐深 8 井，3710.69m，
正交偏光

图 4-53　气孔中充填的放射状葡萄石

特征：呈放射状，有交代石英现象，充填在玄武安
山岩气孔中，堵塞孔隙。

松辽盆地，白垩系营城组，林深 3 井，3801.98m，
正交偏光

图 4-54　叶片状葡萄石

松辽盆地，白垩系营城组，达深 4 井，3265.19m，
正交偏光

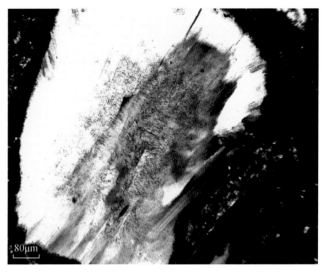

图 4-55　溶蚀作用

玄武岩，长石斑晶溶孔。

塔里木油田，哈 1 井，5290.20m，单偏光，×5

图 4-56　溶蚀作用

玄武岩裂缝中充填物溶蚀（伊丁石化玄武岩）。

三塘湖盆地，马 17 井，1551.94m，单偏光

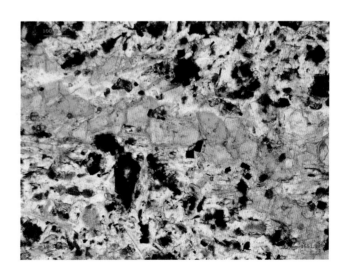

图 4-57　溶蚀作用

玄武岩，长石斑晶溶孔。

塔里木油田，哈 1 井，5292.50m，单偏光，×5

图 4-58　溶蚀作用

辉石黑云母化，有沿解理的溶蚀缝（玄武岩）。

三塘湖盆地，马 19 井，1561.89m，单偏光，蓝色铸体

图 4-59　溶蚀作用

溶蚀孔内充填方解石，方解石有溶蚀（玄武岩）。

三塘湖盆地，马 19 井，1561.57m，单偏光，蓝色铸体，染色

图 4-60　交代蚀变作用

玄武岩，辉石蚀变为绿泥石。

塔里木油田，哈 1 井，5486.40m，单偏光，×20

图 4-61　交代蚀变作用

绿纤石交代浊沸石，浊沸石呈残留状（杏仁状蚀变玄武岩）。

三塘湖盆地，牛东 9-8，1675.77m，正交偏光

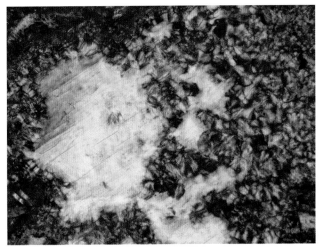

图 4-62　交代蚀变作用

绿纤石交代浊沸石，浊沸石呈残留状（杏仁状蚀变玄武岩）。

三塘湖盆地，牛东 9-8 井，1675.77m，单偏光

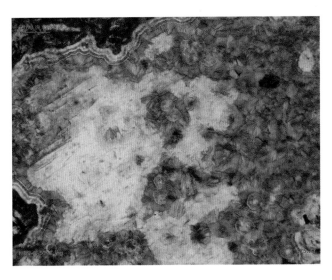

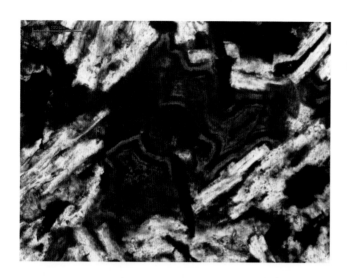

图 4-63　交代蚀变作用

玄武岩，辉石蚀变为绿泥石。

塔里木油田，哈 1 井，5485.00m，单偏光，×10

图 4-64　交代蚀变作用

玄武岩，辉石蚀变为绿泥石。

塔里木油田，哈 1 井，5485.00m，正交偏光，×10

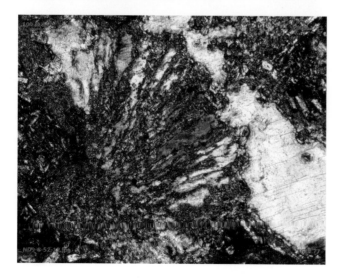

图 4-65　交代蚀变作用

绿纤石交代浊沸石，浊沸石呈残留状（杏仁状蚀变玄武岩）。

三塘湖盆地，牛东 9-8 井，1675.77m，正交偏光

图 4-66　交代蚀变作用

绿纤石交代浊沸石；浊沸石呈残留状（杏仁状蚀变玄武岩）。

三塘湖盆地，牛东 9-8 井，1675.77m，单偏光

图 4-67　交代蚀变作用

方解石化玄武安山岩，辉石斑晶部分蚀变为方解石。

辽河油田，小 29 井，3274.00m，单偏光，×10

图 4-68　交代蚀变作用

玄武岩，辉石蚀变成绿泥石，呈栉状。

辽河油田，枣 78 井，1517.12m，单偏光，×20

图 4-69　交代蚀变作用

玄武岩，辉石蚀变成绿泥石，呈栉状。

辽河油田，枣 78 井，1517.12m，正文偏光，×20

图 4-70　交代蚀变作用

辉石蚀变为绿泥石。

哈 1 井，5486.40m，单偏光

图 4-71　交代蚀变作用

辉石蚀变为绿泥石。

哈 1 井，5486.40m，正交偏光

图 4-72　交代蚀变作用

杏仁体内外环方解石，核部方沸石，见方解石残留（杏仁状玄武岩）。

三塘湖盆地，塘参 3 井，3172.38m，正交偏光，染色

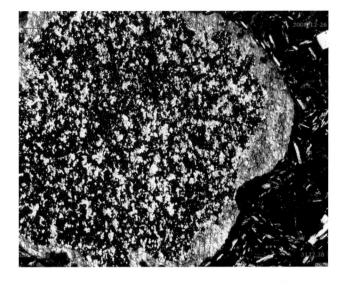

图 4-73　交代蚀变作用

杏仁体内外环方解石，核部方沸石，见方解石残留（杏仁状玄武岩）。

三塘湖盆地，塘参 3 井，3172.38m，单偏光，染色

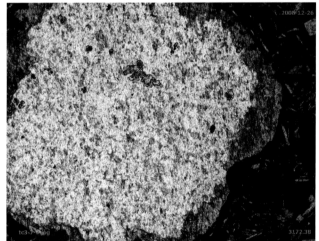

图 4-74　辉石绿纤石、绿泥石化

岩性：蚀变玄武岩。

特征：辉石为粒状，粒级 0.6mm×0.8mm，绿纤石化、绿泥石化较强，绿纤石黄绿色，呈片状、簇状、绿泥石绿色，片状，与绿纤石共生。

三塘湖盆地，石炭系卡拉岗组，牛东 9-8 井，1671.36m，正交偏光

图 4-75　玄武岩中的伊丁石化

结构构造：间粒结构，岩石块状构造。

特征：具有绿泥石化、伊丁石化，单绿泥石化强烈一些，伊丁石为红褐色，粒状。

三塘湖盆地，石炭系卡拉岗组，牛东 9-8 井，1494.72m，单偏光

图 4-76　玄武岩中辉石绿泥石化

特征：长石微晶嵌在不规则状辉石之中或斜长石微晶组成格架，粒状辉石、橄榄石充填其中，辉石发生了强烈绿泥石化。

松辽盆地，白垩系营城组，古深 1 井，4681.55m，单偏光

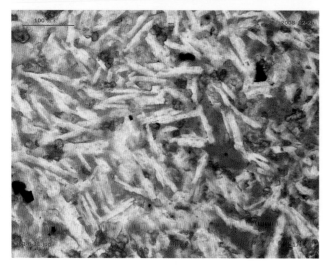

图 4-77　玄武岩基质斜长石格架中的玻璃质绿泥石化

结构构造：斑状结构，基质间隐、间粒结构，岩石块状构造。

矿物组成：斑晶为斜长石长板状、少量板状，自形晶大小 0.2mm×1mm，一般 0.2mm×0.4mm；暗色矿物为粒状，多已绿泥石化，0.2~0.3mm。基质为斜长石针状、小柱状，大小 0.01mm×0.1mm，绿泥石主要充填在斜长石格架中或杏仁体内和交代暗色矿物；辉石为粒状，粒级小于 0.01mm，多充填在基质斜长石格架中。

三塘湖盆地，石炭系卡拉岗组，塘参 3 井，3171.48m，单偏光

图 4-78　玄武岩基质斜长石格架中沿裂缝的绿泥石化

结构构造：斑状结构，基质间隐、间粒结构，岩石块状构造。

矿物组成：斑晶为斜长石长板状、少量板状，自形晶，大小一般 0.2mm×0.4mm；暗色矿物粒状，多已绿泥石化，有有铁质析出和暗化边结构，0.2~0.3mm。基质为斜长石针状、小柱状，大小 0.01mm×0.1mm；绿泥石充填在斜长石格架中；玻璃质充填在基质斜长石格架中。

三塘湖盆地，石炭系卡拉岗组，塘参 3 井，3172.38m，正交偏光

图 4-79　玄武岩中的赤铁矿将斜长石铁染

结构构造：间粒结构，岩石块状构造。

特征：斜长石主要为柱状、板状，少量宽板状，双晶纹发育，晶体大小一般 0.1mm×0.3mm，铁染明显。

三塘湖盆地，石炭系卡拉岗组，牛东 9-8 井，1493.55m，正交偏光

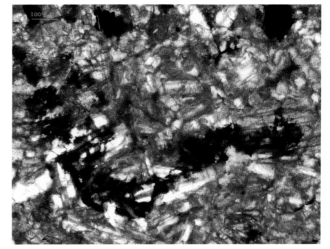

图 4-80　玄武岩中的橄榄石伊丁石化

特征：伊丁石粒状，红褐色，具有解理。

三塘湖盆地，石炭系卡拉岗组，牛东 9-8 井，1503.14m，单偏光

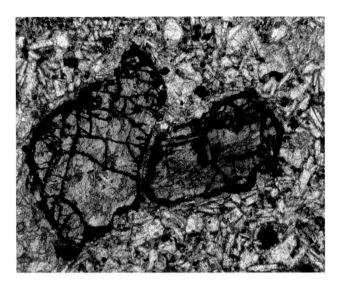

图 4-81　玄武岩的橄榄石蛇纹石化

结构构造：岩石块状构造，斑状结构，基质具间粒、间隐结构。

特征：橄榄石粒状 0.5~1mm，蛇纹石化，蛇纹石化后的微裂缝，并有溶蚀现象，缝宽 0.01~0.02mm。

三塘湖盆地，石炭系卡拉岗组，牛东 9-8 井，1531.51m，单偏光，蓝色铸体

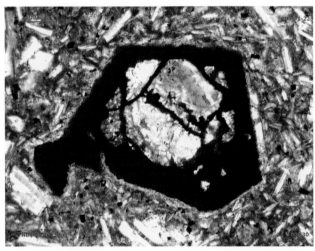

图 4-82　橄榄石伊丁石化

岩性：伊丁石玄武岩。

特征：粒状橄榄石裂缝发育，蚀变为伊丁石。

三塘湖盆地，石炭系卡拉岗组，牛东 9-8 井，1669.30m，正交偏光

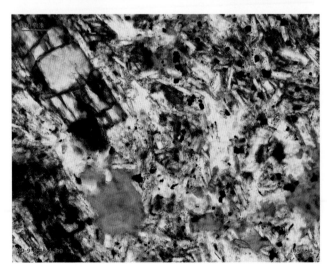

图 4-83　岩石和辉石斑晶的绿泥石化

岩性：安山岩。

结构构造：岩石块状构造，少斑结构，基质玻基交织结构。

特征：斑晶小，基质斜长石大，岩石中微裂缝附近具有绿泥石化，局部有硅化。

三塘湖盆地，石炭系卡拉岗组，牛东 9-8 井，1650.94m，单偏光，蓝色铸体

图 4-84　斜长石钠长石净化边

岩性：安山岩。

特征：斑晶斜长石呈宽板状，有聚斑结构，斜长石斑晶有钠长石净化边结构。

三塘湖盆地，石炭系卡拉岗组，牛东 9-10 井，1434.06m，单偏光

图 4-85　基质绿纤石化

岩性：绿纤石化玄武岩。

特征：基质中的玻璃质多已绿纤石化，呈浅绿色，片状、簇状。

三塘湖盆地，石炭系卡拉岗组，牛东 9-8 井，1686.19m，正交偏光

图 4-86　伊丁石

岩性：伊丁石玄武岩。

特征：伊丁石粒状，为交代铁镁矿物产物。

三塘湖盆地，石炭系卡拉岗组，牛东 9-10 井，1414.05m，正交偏光

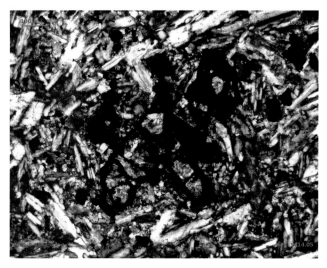

图 4-87 玻基玄武岩沸石化

岩性：含角砾蚀变凝灰岩。

特征：玻基玄武岩角砾沸石化，有玻基残余。

三塘湖盆地，石炭系卡拉岗组，牛东 9-10 井，1493.38m，单偏光

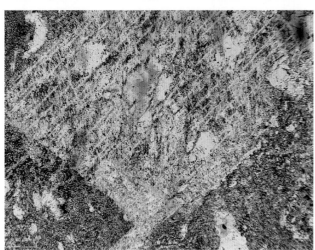

图 4-88 斜长石钠长石化及净边结构

特征：斜长石斑晶发育，斑晶内溶蚀孔、裂缝发育，长石次生蚀变较强烈，钠长石化，形成净边结构。

松辽盆地，白垩系营城组，徐深 8 井，3753.87m，单偏光

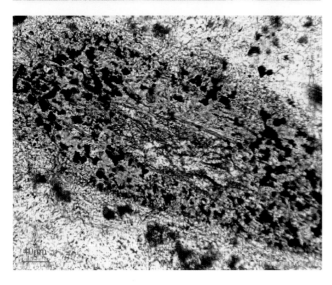

图 4-89 次生钠铁闪石

特征：流纹质熔结凝灰岩钠铁闪石化，钠铁闪石溶蚀形成溶孔、溶缝。

松辽盆地，白垩系营城组，林深 3 井，3801.98m，单偏光，蓝色铸体

第二节　火山岩储层成岩阶段划分

火山岩储集空间的形成、发展、堵塞、再形成等演化过程非常复杂。由于火山岩成岩作用和后生成岩作用的差异性，因此应该把火山成岩作用阶段和后生成岩作用阶段区分开来，然后在作用阶段的基础上再划分不同期（表4-1）。不同盆地、不同区带和不同储集层成岩作用存在着明显差别。

表 4-1　火山岩成岩作用阶段划分表

| 成岩阶段 | | 成岩作用 | 成岩机理 | 成岩标志 | 孔隙类型 |
阶段	期				
冷却固结成岩阶段	火山活动期	爆裂破碎作用	火山喷发破碎、炸裂	不同成分和粒级的火山碎屑岩	气孔、粒间孔、炸裂缝、收缩缝、晶间孔
	冷凝固结期	结晶分异作用	岩浆分异、分离结晶	不同晶质、矿物成分的火山岩	
		冷凝固结作用	冷凝收缩	火山岩收缩缝	
后生改造阶段	热液作用期	交代蚀变作用	地层深部热液上升的温度变化	绿泥石化、沸石化等	黏土矿物晶间微孔、杏仁体内孔、残余气孔、溶蚀孔、溶蚀缝
		充填作用	火山热液携带矿物质的结晶、沉淀	绿泥石、沸石充填	
		溶蚀作用	火山热液的溶解、交代	绿泥石、沸石溶孔	
	风化淋滤期	风化破碎作用	岩石的热胀冷缩	风化裂缝	风化缝
		淋滤溶蚀作用	岩石的淋滤、溶解	粒间、粒内的溶孔、溶缝	溶蚀孔、溶蚀缝
	埋藏作用期	压实作用	埋藏压实	碎屑颗粒间、晶间接触变化	构造缝
		构造作用	构造应力	高角度裂缝、近水平裂缝、网状缝	
		溶蚀作用	地层水与有机酸溶蚀	大量的次生溶孔	基质溶孔、斑晶溶孔、粒间溶孔、溶缝
		交代蚀变作用	埋藏温度、压力升高和地层流体活动	沸石、绿泥石及黏土等伴生矿物	
		充填与胶结作用	地层流体溶解矿物质沉淀	沸石、绿泥石及黏土等矿物充填胶结	
		脱玻化作用	埋藏温度、压力升高	脱玻后的霏细结构、隐晶质结构	

一、冷却固结成岩阶段

这一阶段是储集岩原生孔隙的形成阶段。火山熔浆喷出地表后随着大量挥发分气体的逸出而形成的气孔；火山岩浆的结晶作用形成斑晶－斑晶、微晶－微晶、微晶－斑晶之间的细小晶间孔隙；火山喷发、爆炸作用形成的火山角砾间孔；岩浆冷凝后产生收缩缝等原生储集孔隙均形成于该阶段。这些原生储集孔隙为后期储层的发育奠定基础。垂向剖面上显示火山活动岩石组合特征为大套熔岩＋凝灰岩或火山角砾岩＋熔岩＋碎屑岩。

二、后生改造阶段

在火山岩形成后所经历的成岩后生过程中构造运动、风化淋滤作用及流体作用是影响和控制储集空间发育程度的主要地质作用。

1. 热液作用期

火山作用末期，热液活动频繁。受热液作用，火山岩中许多暗色造岩矿物发生蚀变作用，大多数蚀变矿物充填原生储集空间中，大大降低了火山岩储层的储集性能。

发生蚀变作用的暗色造岩矿物种类很多，如辉石和角闪石蚀变为绿泥石，基性斜长石蚀变为高岭石、绢云母、绿泥石，橄榄石的伊丁石化，绿泥石蚀变为沸石、碳酸盐等矿物，以及凝灰岩基质的碳酸盐化、浊沸石化等。伴随着蚀变、矿物转化的进行，热液携带大量矿物质和金属化合物，在适当条件下结晶、析出，填充储集空间，大大降低火山岩的储集性能。但由于这些矿物大部分为易溶矿物，其为后期溶蚀作用的发生提供了可溶蚀的物质基础。

2. 风化淋滤期

主要发生包括风化破碎作用和淋滤溶蚀作用，在火山岩顶部及上部形成大量的风化缝和溶蚀孔隙，并连通原生储集空间，从而大大改善了火山岩的储集物性。

3. 埋藏作用期

火山岩为沉积岩所覆盖、埋藏压实，因岩浆的喷出、侵入、冷凝以及后期构造活动、溶蚀作用等形成的各种孔缝，使得原来孤立的气孔连通起来，当与沉积地层中的地层水相沟通，则形成更多的次生溶蚀孔缝。早期冷凝固结的火山岩，在深埋过程中，长期遭受地层水和有机酸等流体的溶蚀作用，是形成火山岩次生储集空间的主要机制之一。酸性流体又有主含无机酸和有机酸之分，对于不同的地区，它们或是单独作用，或是联合作用，在后期存在火山喷发及深大断裂附近，可能以无机酸为主，在靠近油源地区可能有机酸的溶蚀作用更强。而大面积溶蚀作用能否发生，又与断层的发育情况息息相关。对于各种矿物，尤其是主要被溶蚀物——长石，是有机酸溶蚀还是无机酸溶蚀，其溶蚀的机制又大不相同。

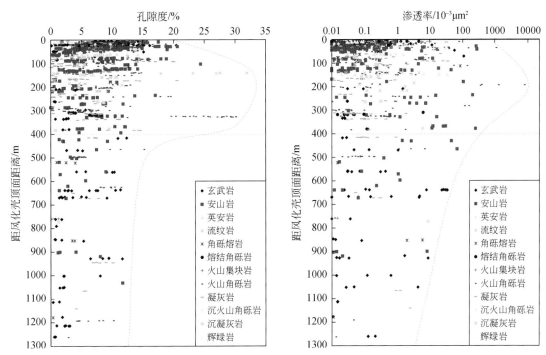

图 4-90　火山岩储层物性与风化壳顶面距离关系图
数据来自准噶尔盆地石炭系火山岩 1391 块岩心样品

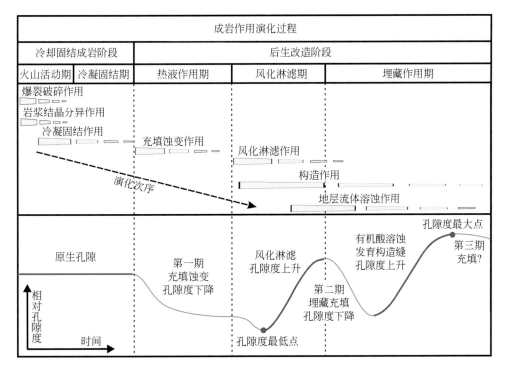

图 4-91　火山岩成岩演化及其对孔隙的影响

另外，构造作用形成众多的裂隙以及破碎带，使得原来孤立的气孔连通起来，从而提高油气的储集性能。

因此，成岩作用对火山岩储层的影响具有双面性，各个成岩阶段过程中填充与溶蚀的匹配关系以及成岩强度直接影响了后期储层改造的好坏。

第三节　火山岩储层成岩及孔隙演化特征

由于不同成岩作用随成岩环境的变迁而不断改变，同一成岩作用也可以形成于不同成岩阶段。另外，不同的沉积盆地具有不同的埋藏－构造－热演化历史，火山岩形成后经历的各种成岩作用的期次、发生的时间先后及程度在不同盆地中存在较大的差异。因此，不同岩性、不同盆地火山岩会形成不同的成岩序列与孔隙演化特征。

由于喷发、埋藏的差异，中国主要发育两种典型的火山岩储层。东部发育以松辽盆地营城组为典型代表的原生型火山岩储层；西部发育以新疆北部地区石炭系为典型代表的次生风化型火山岩储层，分别对应成岩序列为：喷发－埋藏成岩序列和喷发－风化－埋藏成岩序列。

一、松辽盆地营城组火山岩的喷发－埋藏成岩序列

喷发－埋藏成岩序列是经喷发冷凝固结形成的火山岩，不断沉降被沉积物掩埋的成岩序列，其储集空间以火山岩喷发冷凝固结阶段的原生孔缝为主，形成原生型火山岩储层，松辽盆地白垩系营城组火山岩储层即为该类型。

松辽盆地在早白垩世火山喷发后，在熔蚀、冷凝结晶、熔结等作用下固结（125~156Ma）形成营城组火山岩，经短期的火山岩热液和喷发间歇期的风化淋滤直接为上覆沉积地层所埋藏，火山机构保存较完整，火山岩相序完整，储层主要发育于爆发相岩类组合带中。

控制火山岩储集性的主要因素为：岩性岩相、构造裂缝和酸性流体的溶蚀作用。其中，岩性岩相决定火山岩原生孔隙发育；构造裂缝提高火山岩渗透率，并为后期酸性流体提供渗流通道；晚期酸性流体溶蚀作用扩大原生孔隙和风化淋滤形成次生孔缝。有利火山岩相包括：侵出相、喷溢相上部亚相和爆发相空落亚相，这些相发育原生孔隙。火山活动后期，酸性流体沿断裂上升，并通过裂缝渗流进入孔隙，发育溶蚀孔，扩大储集空间；不整合面（约在3600~3800m）以下受火山活动后期酸性流体溶蚀作用改造的风化壳下方近火山口喷溢相上部亚相、空落亚相、侵出相为储集空间发育有利相带。

不同的火山岩岩石类型其成岩产物的种类、产状与分布特征存在一定差异。各火山岩类成岩事件及其演化序列如下：

（1）基性岩：溶蚀作用Ⅰ→裂缝Ⅰ→烃类充注Ⅰ→ 泥晶方解石Ⅰ→绿泥石Ⅰ→葡萄石Ⅰ→裂缝Ⅱ→微晶石英Ⅰ→方解石Ⅱ→石英Ⅱ（图4-92 ）。

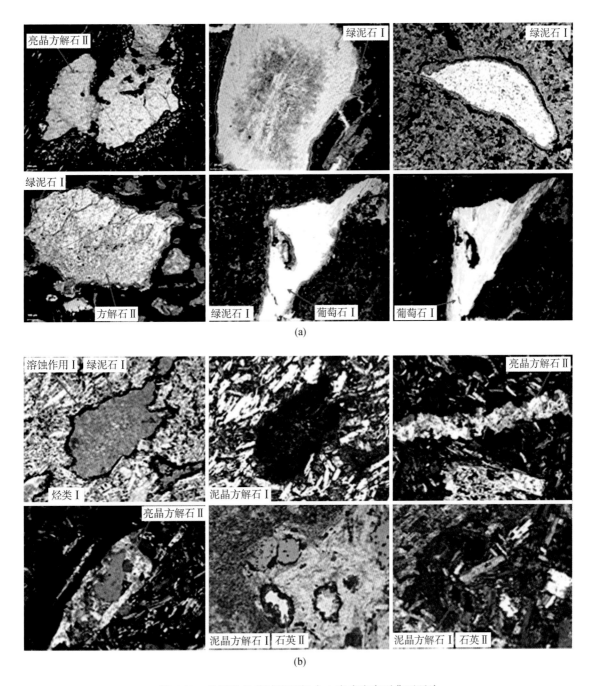

图 4-92　松辽盆地营城组基性火山岩成岩序列典型照片

(a) 成岩序列：溶蚀作用Ⅰ→烃类Ⅰ→绿泥石Ⅰ→葡萄石→微晶石英Ⅰ→亮晶方解石Ⅱ。达深4井，3265.19m；（b）成岩
序列：溶蚀Ⅰ→烃类Ⅰ→泥晶方解石Ⅰ→绿泥石Ⅰ→亮晶方解石Ⅱ→石英Ⅱ。古深1井，4681~4762m

（2）中性岩：溶蚀作用Ⅰ→方解石Ⅰ→微晶石英Ⅰ→烃类充注Ⅰ→方解石Ⅱ→栉壳状绿泥石Ⅰ→方解石Ⅲ→片状石英Ⅱ→放射状绿泥石Ⅱ（图4-93）。

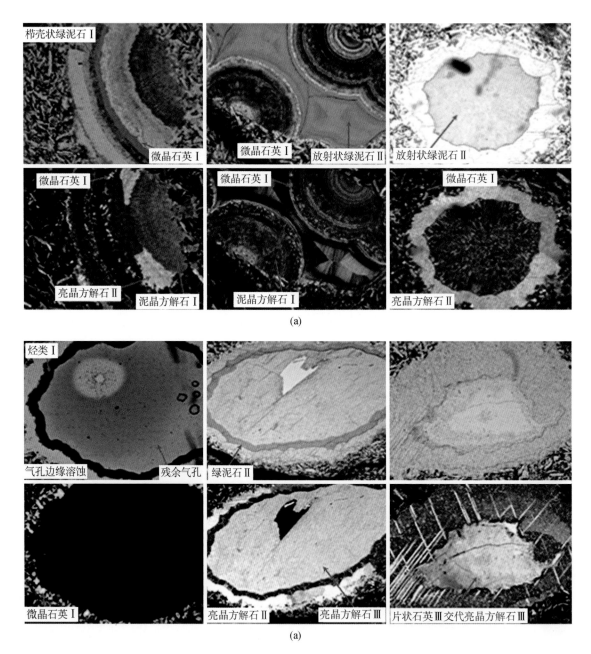

图 4-93　松辽盆地营城组中性火山岩成岩序列典型照片

（a）成岩序列：溶蚀作用Ⅰ→泥晶方解石Ⅰ→微晶石英Ⅰ→栉壳状绿泥石Ⅰ→亮晶方解石Ⅱ→放射状绿泥石Ⅱ，徐深13井，4246.45~4251.1m；（b）成岩序列：溶蚀作用Ⅰ→微晶石英Ⅰ→烃类充注Ⅰ→亮晶方解石Ⅱ→绿泥石Ⅱ→亮晶方解石Ⅲ→片状石英Ⅲ，徐深13井，4251.1m

（3）酸性岩：溶蚀作用Ⅰ→烃类充注Ⅰ→石英加大Ⅰ→石英加大Ⅱ→裂缝Ⅰ→簇状绿泥石Ⅰ→方解石Ⅱ→烃类充注Ⅱ→葡萄石→白云石或者含铁碳酸盐→裂缝Ⅱ（图4-94）。

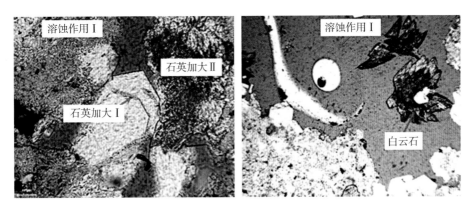

成岩序列：溶蚀作用Ⅰ→石英加大Ⅰ→石英加大Ⅱ→白云石；升深2-1井，2964.29m

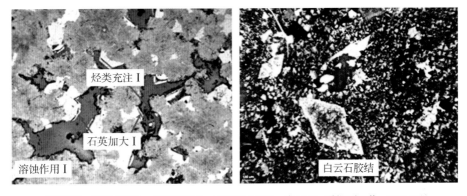

成岩序列：溶蚀作用Ⅰ→烃类充注Ⅰ→石英加大边Ⅰ→白云石；升深更2井，2931.75m

成岩序列：溶蚀作用Ⅰ→风化裂缝→簇状绿泥石→方解石Ⅱ→溶蚀作用Ⅱ→烃类Ⅱ；肇深6井，3591.09m

图4-94　松辽盆地营城组酸性火山岩成岩序列典型照片

总体上，松辽盆地营城组火山岩形成之后，至少经历了 2 期大规模的次生溶蚀作用，2 期明显的烃类充注事件，3 期裂缝形成作用，2~3 期硅质胶结作用，3 期碳酸盐胶结作用，2~3 期绿泥石胶结作用以及浊沸石、钠长石、萤石、葡萄石、钠铁闪石化等次生矿物的形成阶段。其成岩序列与孔隙演化如图 4-95 所示。

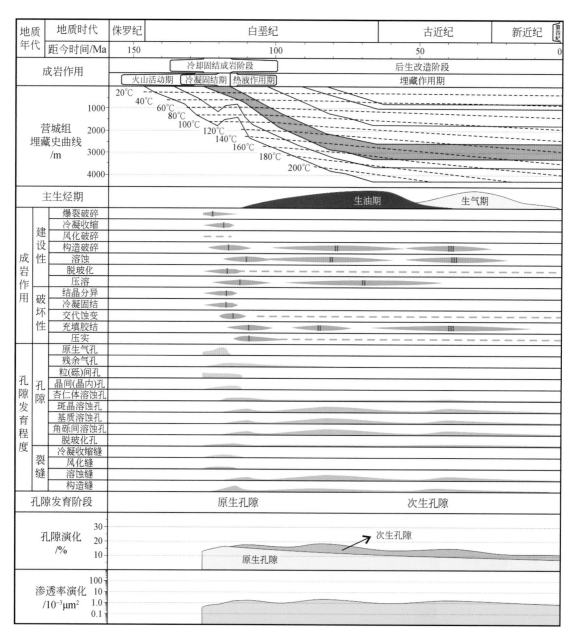

图 4-95 松辽盆地白垩系营城组火山岩成岩与孔隙演化

压实作用→方解石Ⅰ（泥晶）→烃类充注Ⅰ→绿泥石Ⅰ（薄膜或栉壳状）→石英加大（压溶作用）与微晶石英Ⅰ→石英加大（压溶作用）与微晶石英Ⅱ→构造裂缝Ⅰ→绿泥石Ⅱ（簇状与栉壳状）→方解石Ⅱ（亮晶）→长石钠长石化→烃类充注Ⅱ+溶蚀作用Ⅱ→葡萄石→方解石Ⅲ（亮晶与脉状）→绿泥石Ⅲ（簇状与放射状）→烃类充注Ⅲ+溶蚀作用Ⅲ→白云石或者含铁碳酸盐→构造裂缝Ⅱ→石英Ⅲ（粒状与片状）→构造裂缝Ⅲ。

二、新疆北部地区石炭–二叠系火山岩的喷发–风化–埋藏成岩序列

喷发–风化–埋藏成岩序列是喷发冷凝固结形成的火山岩，受构造运动影响，抬升暴露，经长期风化淋滤和改造后，被沉积物掩埋的成岩序列，其储集空间以风化淋滤和改造阶段的次生孔缝为主，形成次生型火山岩储层，准噶尔盆地、三塘湖盆地石炭–二叠系火山岩储层为该类型典型代表。

准噶尔盆地在石炭纪火山喷发后，在熔蚀、冷凝结晶、熔结等作用下固结（320~359Ma）形成巴塔玛依内山组火山岩，经短期的火山岩热液蚀变和孔隙充填之后，一直到早三叠世（约246Ma）整个地区构造抬升，火山岩直接暴露于地表，长期遭受表生环境下的风化淋滤，岩石破碎、矿物发生次生蚀变，形成大量的风化裂缝与次生孔隙，火山机构普遍保存不完整，发育风化壳，风化壳之下常有几百米厚的有效储层。之后为上覆沉积地层所埋藏，埋藏后期，整个地区又经历几次较大的构造运动，对火山岩储层的发育起建设作用。

该类火山岩储层其风化淋滤、充填改造的强度控制储层的有效性，长期风化淋滤的古地貌高地区火山岩储层发育，油气富集。各火山岩类成岩事件及其演化序列如下：

（1）基性岩：石膏Ⅰ→方解石Ⅰ→裂缝Ⅰ→绿泥石→石膏Ⅱ→烃类Ⅰ→绿泥石Ⅱ→裂缝Ⅱ→方解石Ⅱ→裂缝Ⅲ（图4-96）。

（2）中性岩：溶蚀作用Ⅰ→绿泥石Ⅰ→硅质Ⅰ→烃类Ⅰ→绿泥石Ⅱ→石膏→裂缝→溶蚀作用Ⅱ→硅质Ⅱ→方解石（图4-97）。

（3）酸性岩：硅质Ⅰ→绿泥石Ⅱ→硅质Ⅱ→裂缝→方解石→溶蚀作用→石膏（图4-98）。

总体上，准噶尔盆地石炭系火山岩形成之后，至少经历了2期大规模的次生溶蚀作用、2~3期烃类充注事件、3期裂缝形成作用、2期硅质胶结作用、3期碳酸盐胶结作用、3期绿泥石胶结作用以及3期硬石膏–石膏胶结作用（图4-99）。

溶蚀作用Ⅰ→绿泥石Ⅰ→石膏Ⅰ→方解石Ⅰ→硅质Ⅰ→烃类充注Ⅰ→绿泥石Ⅱ→硅质Ⅱ→石膏Ⅱ→绿泥石Ⅲ→方解石Ⅱ→裂缝Ⅰ→溶蚀作用Ⅱ→烃类Ⅱ→硅质Ⅲ→方解石Ⅲ→石膏Ⅲ→裂缝Ⅲ。

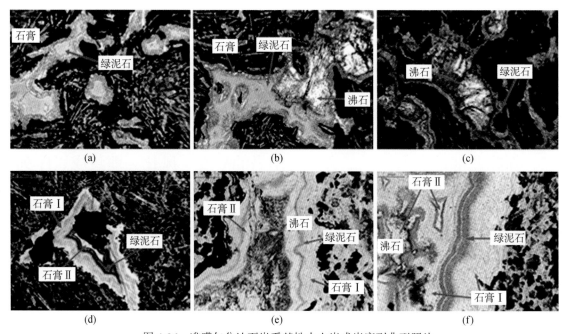

图 4-96　准噶尔盆地石炭系基性火山岩成岩序列典型照片

成岩序列：溶蚀作用 I →石膏 I →绿泥石 I →石膏 II →溶蚀作用 II →沸石；滴西 172 井，3487.10~3502.52m

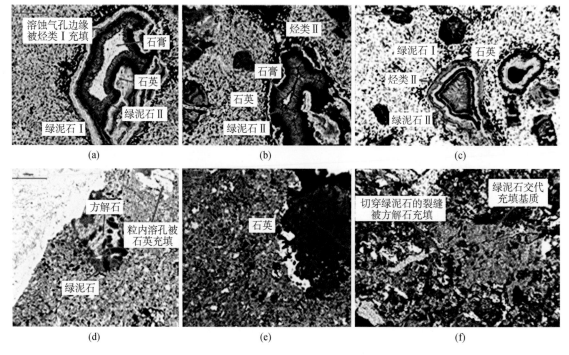

图 4-97　准噶尔盆地石炭系中性火山岩成岩序列典型照片

成岩序列：溶蚀作用 I →烃类充注 I →绿泥石 I →石英 I →烃类 II →绿泥石 II →
石膏 III →裂缝 II →溶蚀作用 II →石英 II →方解石 II 。

(a)~(d). 滴西 1824 井安山岩，3605.50m；(e)、(f) 滴西 182 井安山岩，3641.45m

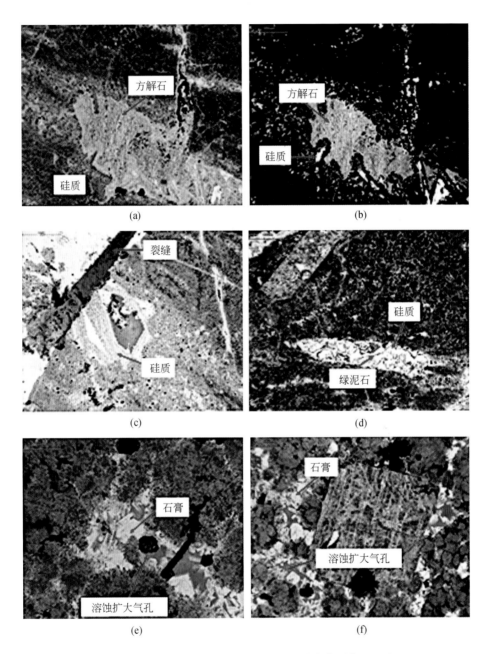

图 4-98　准噶尔盆地石炭系酸性火山岩成岩序列典型照片

成岩序列：硅质Ⅰ→绿泥石Ⅱ→硅质Ⅱ→构造裂缝Ⅰ→方解石Ⅰ→溶蚀作用→石膏。
(a)~(d). 滴西 10 井流纹岩，3026.10m；(e)、(f). 石南 1 井球粒流纹岩，3596.30m

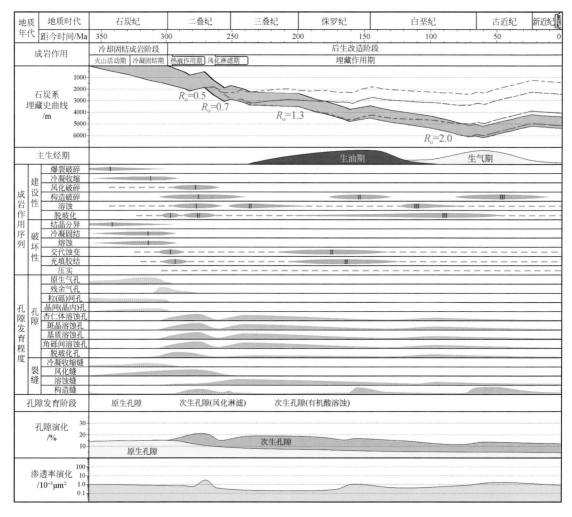

图 4-99 准噶尔盆地石炭系火山岩成岩与孔隙演化

火山岩储集空间形成控制因素

火山岩储集空间的形成历经不同阶段的复杂演化过程，具有多种控制因素。原生孔隙和裂缝主要受到原始喷发状态，即火山岩相控制；在相同构造应力作用下，构造裂缝的发育和保存程度也受到原始喷发状态的控制。火山喷发后，冷凝熔结和压实固结形成的火山岩，原生气孔互不连通，没有渗透性，只有经过后期不同阶段的各种地质作用改造，才具有储集性。总体来说，火山作用、构造运动、风化淋滤作用及流体作用，是火山岩储层储集空间形成和发育的主要成因机制和地质作用。

第一节　原生储集空间形成控制因素

火山岩储集空间的形成、发展、堵塞、再形成等一系列不同阶段的演化过程是非常复杂的。油田的勘探实践和研究表明，火山岩的岩性、岩相是影响原生储集空间储集性的重要因素，控制原生孔隙的发育，可为后期改造作用提供基础。

分析大庆徐家围子地区营城组火山岩发现气孔流纹岩的孔隙度可达 9.09%，垂直渗透率可达 $0.511 \times 10^{-3} \mu m^2$；角砾熔岩孔隙度可达 11.37%，垂直渗透率可达 $1.182 \times 10^{-3} \mu m^2$；熔结凝灰岩孔隙度可达 4.69%，垂直渗透率达 $0.113 \times 10^{-3} \mu m^2$。这三种火山岩原生孔隙发育，在次生作用下易形成有利储层。同时，统计发现孔渗高的岩相主要是近火山口的侵出相亚相、喷溢相上部亚相和空落亚相（表 5-1）。其中喷溢相上部亚相和空落亚相的火山岩，其原生孔隙都较为发育，也容易接受次生作用的改造，形成次生孔隙。

表 5-1　兴城营一段火山岩不同孔隙类型百分含量表　　　　（%）

岩石类别	平均面孔率	气孔	气孔充填物溶孔	斑晶溶孔	蚀变矿物溶孔	火山灰溶孔	脱玻化孔	砾内砾间孔	微裂隙
流纹岩类	5.6	45.50	1.75	2.54	2.62		42.56		5.03
粗面（安）岩类	4.49	17.33		33.42			41.46		7.80
英安岩	4.88	66.48		19.55			5.03		8.94
熔结凝灰岩	4.0	45.77		18.61		32.48		0.29	2.85
（角砾）晶屑凝灰岩	4.7				1.67	21.11		5.56	71.11
火山角砾岩	10.2					5.47		88.52	6.01

火山机构类型对火山岩储集性也有一定的影响。单喷口层状火山的火山机构顶部突出部位易遭受风化淋滤，发育淋滤孔缝，两侧的喷溢相上部亚相和爆发相的热碎屑流亚相上部可以发育孔缝，而远离火山口被火山沉积岩相覆盖地区储集性较差。对熔岩穹窿来说，在其侵出相的上部亚相易发育孔缝，遭受风化淋滤后可以成为储集层。破火山口的边缘比较破碎，裂缝发育；破火山口内的沉积层下方易发育储集层，孔缝发育。

准噶尔盆地的研究表明，不同岩性火山岩的物性差异明显。根据 250 个安山岩样品的物性统计，其孔隙度主要分布在 10%～15% 和 ≥15%，渗透率主要分布在 $0.1 \times 10^{-3}～1 \times 10^{-3} \mu m^2$（图 5-1、图 5-2），孔隙度高、渗透率高，表明安山岩孔隙连通性好。

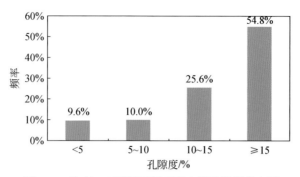

图 5-1　陆东－五彩湾石炭系安山岩孔隙度分布图

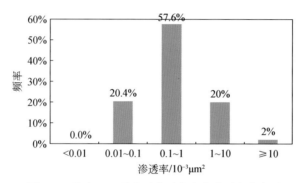

图 5-2　陆东－五彩湾石炭系安山岩渗透率分布图

　　根据 290 个英安岩样品物性统计，其孔隙度主要分布在 10% ～ 15% 和 ≥15%，渗透率主要分布在 0.1×10^{-3} ～ $1 \times 10^{-3} \mu m^2$（图 5-3、图 5-4），孔隙度高、渗透率较高，表明英安岩孔隙连通性好。

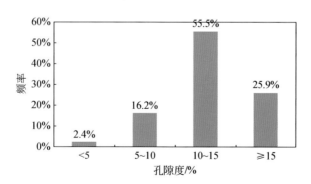

图 5-3　陆东－五彩湾石炭系英安岩孔隙度分布图

　　根据 143 个火山角砾岩样品物性统计，其孔隙度主要分布在 5% ～ 10% 和 10% ～ 15%，渗透率主要分布在 0.01×10^{-3} ～ $0.1 \times 10^{-3} \mu m^2$ 和 0.1×10^{-3} ～ $1 \times 10^{-3} \mu m^2$（图 5-5、图 5-6），孔隙度较低、渗透率相对较高，表明火山角砾岩孔隙连通性较好。

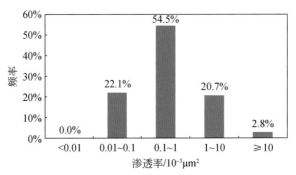

图 5-4　陆东－五彩湾石炭系英安岩渗透率分布图

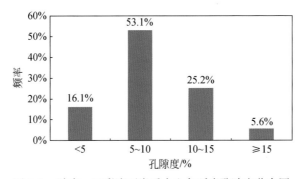

图 5-5　陆东－五彩湾石炭系火山角砾岩孔隙度分布图

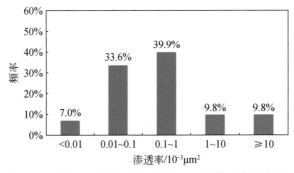

图 5-6　陆东－五彩湾石炭系火山角砾岩渗透率分布图

根据对 78 个角砾熔岩样品物性统计，孔隙度主要分布在 5% ～ 10% 和 10% ～ 15%，渗透率主要分布在 $0.1 \times 10^{-3} \sim 1 \times 10^{-3} \mu m^2$ 和 $1 \times 10^{-3} \sim 10 \times 10^{-3} \mu m^2$（图 5-7、图 5-8），孔隙度高、渗透率高，表明角砾熔岩孔隙连通性较好

根据对 79 个砂砾岩样品物性统计，孔隙度主要分布在 5% ～ 10% 和 <5%，渗透率主要分布在 $0.01 \times 10^{-3} \sim 0.1 \times 10^{-3} \mu m^2$（图 5-9、图 5-10），孔隙度低、渗透率低，表明砂砾岩物性差。

根据对 94 个凝灰岩样品物性统计，孔隙度主要分布在 5% ～ 10% 和 <5%，渗透率主要分布在 $0.01 \times 10^{-3} \sim 0.1 \times 10^{-3} \mu m^2$（图 5-11、图 5-12），孔隙度低、渗透率低，表明凝灰岩物性差。

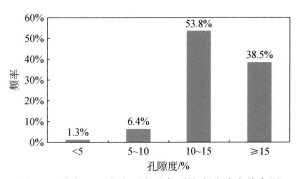

图 5-7　陆东－五彩湾石炭系角砾熔岩孔隙度分布图

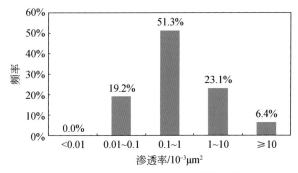

图 5-8　陆东－五彩湾石炭系角砾熔岩渗透率分布图

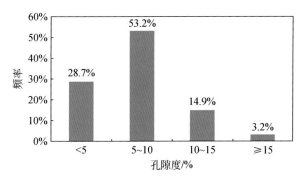

图 5-9　陆东－五彩湾石炭系砂砾岩孔隙度分布图

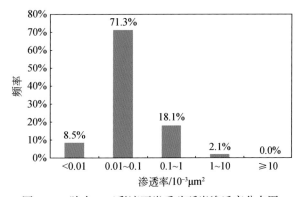

图 5-10　陆东－五彩湾石炭系砂砾岩渗透率分布图

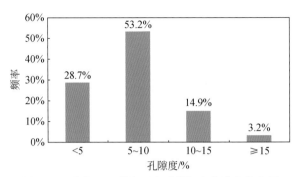

图 5-11　陆东－五彩湾石炭系凝灰岩孔隙度分布图

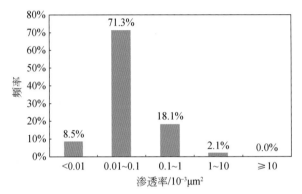

图 5-12　陆东－五彩湾石炭系凝灰岩渗透率分布图

从准噶尔盆地气孔分布的岩性来看，主要分布在安山岩和火山角砾岩中，玄武岩和流纹岩中较少，因此安山岩和火山角砾岩是有利的储集岩（图 5-13）。

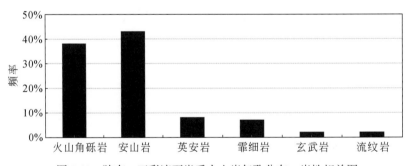

图 5-13　陆东－五彩湾石炭系火山岩气孔分布－岩性相关图

火山角砾岩也总体上具有高渗透率（$5.4 \times 10^{-3} \mu m^2$）的特点。熔岩中安山岩的孔渗要总体优于玄武岩和流纹岩。玄武岩－安山岩－流纹岩的化学稳定性（由岩石的化学性质所决定）和岩石的脆性增强（由岩石的物理性质所决定），但结晶程度降低（岩浆的粘度所决定）。因此作为综合的总效应，特别是在后期的断裂改造和水溶液的溶蚀作用影响，经改造的安山质火山角砾岩（或安山质角砾熔岩）是最有利的储层。

第二节　次生储集空间形成控制因素

对储集空间的次生作用分很多种，常见的有流体溶蚀作用、构造运动产生的次生作用、风化作用以及成岩作用等等。不同的次生作用具有不同的控制因素，因此，次生储集空间形成的控制因素各不相同，分述如下。

一、酸性流体的溶蚀作用

松辽盆地火山活动后期，深层酸性流体（含脂肪酸和酚）沿断裂向上运移（王成等，2004），在到达不整合面后又沿不整合面水平扩展，对流纹岩等不易遭受风化剥蚀的火山岩造成溶蚀作用形成次生孔隙，孔内发育石英晶簇和黄铁矿晶体就是酸性流体作用的产物（图5-14、图5-15）。岩心观察表明，徐深6井火山岩顶部（–3725m）不整合面之下的溶蚀带可达185m厚，表明酸性流体的溶蚀作用影响深度很大。

通过营一段火山岩孔隙度、渗透率与埋深关系图（图5-16）可以看到，3600~3800m内火

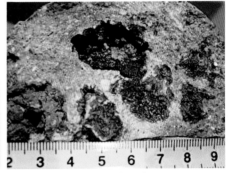

含角砾岩屑凝灰熔岩，
溶蚀孔发育，徐深1-101井，3450.19m

晶屑熔结凝灰岩
溶蚀孔十分发育，徐深6井，3725.86m

图5-14　大庆徐家围子断陷内各种火山岩的溶蚀孔

山岩的孔隙度和渗透率都很高，所以其储集性好，而这个深度正是该地区火山岩顶部侵出相、喷溢相上部亚相和空落亚相等有利岩相易受后期酸性流体溶蚀的部位。通过徐家围子地区的连井火山岩相储层物性剖面图（图5-17）可以看到，储层物性好的火山岩相大多数为火山岩顶面不整合风化壳附近的爆发相和喷溢相，这里正是溶蚀作用强烈的地带。

溶蚀作用大大提高了火山岩的孔渗性，改善了其储集性。研究表明，酸性流体的溶蚀作用对提高粗面（安）岩类、英安岩、熔结凝灰岩、（角砾）晶屑凝灰岩等火山岩的储集空间非常重要，其中各类溶蚀孔在熔结凝灰岩中的比例甚至超过90%。

Ssg2，2909.09m，火山角砾岩，
长石被溶蚀，单偏光，10×10

W905，3011.03m，流纹岩，
长石的溶蚀，单偏光，5×10

ss2-12，3170.28m，流纹质凝灰岩，
火山灰溶蚀，面孔率5%，单偏光，10×10

Xs1-1，3411.34m，流纹质晶屑熔结凝灰岩，
火山灰溶蚀，面孔率9%，单偏光，5×10

图 5-15　大庆徐家围子断陷内各种火山岩的溶蚀孔

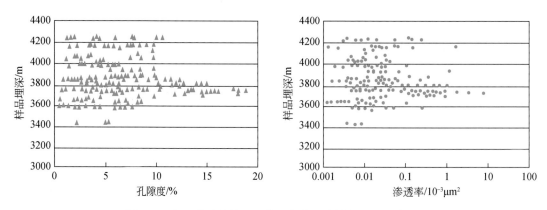

图 5-16　松辽盆地兴城地区营一段火山岩物性－埋深关系图

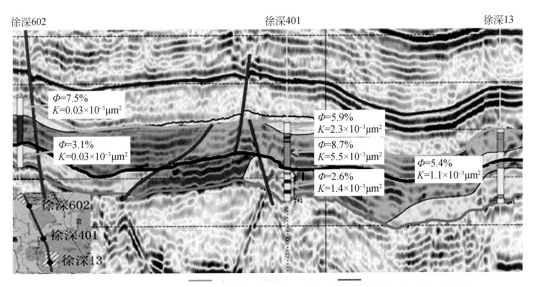

图 5-17　徐家围子地区徐深 602 井 – 徐深 401 井 – 徐深 13 井岩相储集性剖面图

二、断裂与构造裂缝作用

断裂运动是控制火山活动及火山岩平面分布的主要因素（蔡先华、谭胜章，2002）。松辽盆地火山口大都沿主断裂分布，表明主断裂为火山岩喷发通道，控制了火山机构的发育。因此，断裂是控制火山岩储层的首要因素。另外，主断裂还控制了构造裂缝发育，也是深部酸性流体向上运移的通道。

火山岩岩体形成之后，其原生气孔是互不连通、独立存在的。由于构造运动使岩体产生了裂缝，这些裂缝不但将原生气孔互相连通，而且还增大了火山岩的储集空间，改善了火山岩储层的储集物性，断裂发育处，储层物性更好。构造裂缝还为火山活动后期酸性流体溶蚀火山岩提供了渗流通道（图 5-18、图 5-19）。

三、交代蚀变作用

火山岩储层中常见的交代蚀变作用有云母化、斜长石化、钠长石化、绿泥石化、硅化等。如松辽盆地火山岩不仅基质中绿泥石化现象较普遍，而且较多的长石斑晶或基质斜长石微晶也常见不同程度的绿泥石化。暗色矿物绿泥石化的程度则更强。绿泥石化一方面是原基质和长石溶蚀、显微裂缝和解理缝扩大，另一方面新生绿泥石的充填作用使储集空间减小。但由于在此过程中有流体参与，物质带入和带出的综合效应是使孔隙增加。

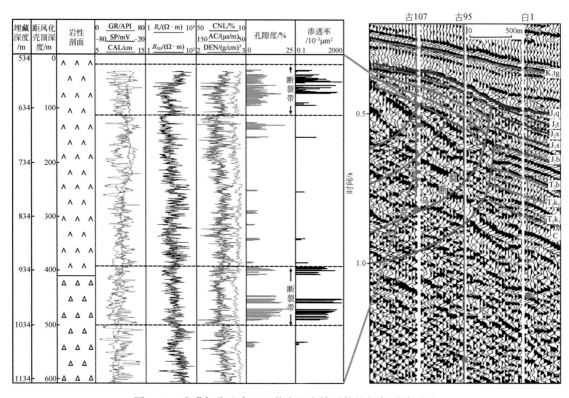

图 5-18　准噶尔盆地古 107 井火山岩储层物性与断裂关系图

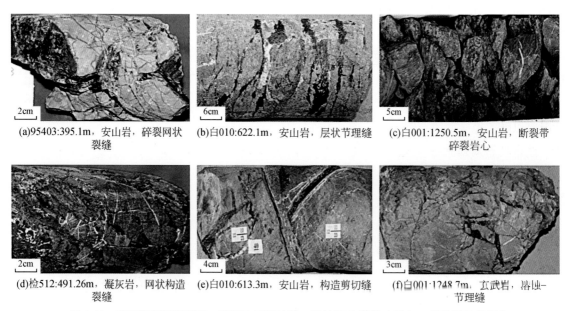

(a)95403:395.1m，安山岩，碎裂网状裂缝

(b)白010:622.1m，安山岩，层状节理缝

(c)白001:1250.5m，安山岩，断裂带碎裂岩心

(d)检512:491.26m，凝灰岩，网状构造裂缝

(e)白010:613.3m，安山岩，构造剪切缝

(f)白001:1248.7m，玄武岩，溶蚀—节理缝

图 5-19　断裂附近裂缝发育，裂缝沟通溶蚀孔，渗流能力增强（岩心、薄片裂缝特征）

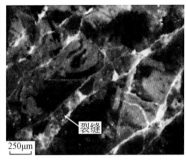

(g)白002:866.14m，粒内溶孔、收缩缝　　(h)白002:876.58m，网状裂缝、溶蚀孔　　(i)白005:768.06m，溶蚀缝、溶蚀孔

图 5-19　断裂附近裂缝发育，裂缝沟通溶蚀孔，渗流能力增强（岩心、薄片裂缝特征）（续）

四、风化作用

1. 风化作用现象

所有火山岩几乎都要经历不同程度的风化淋滤作用。因为火山岩起初是形成于地表环境的。只是在后期的差异性升降运动下才沉入地下、成为盆地充填序列的组成部分。对多数火山岩来讲，孔隙发育程度与淋滤作用密切相关，淋滤作用不但可以使岩石破碎，也可以使岩石的化学成分发生显著的变化，如发生矿物的溶解、氧化、水化和碳酸盐化等。溶解作用可使岩石中的易溶物质被带走，使岩石内孔隙增大，增强岩石的渗透性，分化带的这种溶蚀作用对火山岩储层的最重要影响就是形成风化壳型储层，它们往往发育于火山岩体的顶部。例如，松辽盆地SS2 井营城组顶部的紫色安山质熔结凝灰岩，由于风化淋滤作用使得原本致密的爆发相凝灰质熔岩变得极为疏松，在岩心中呈豆腐渣状，其孔隙度大于 15%，渗透性好。因此，风化淋滤作用不仅是影响火山岩储集性能的一个重要因素，而且是火山岩中普遍存在的地质现象。

风化作用对火山岩储层的改造在塔里木盆地表现较为明显。根据塔里木研究区实际的地质情况，以跃南 1 井的霏细斑岩为例，通过薄片观察、扫描电镜、阴极发光、主量元素分析等手段，结合其储集物性发育规律和孔隙微观结构特征分析结果，对本区二叠系火成岩储集空间形成的主要原因进行了探讨。该井下二叠统霏细斑岩同上部三叠系砾岩不整合接触，缺失上二叠统，且从岩心手标本观察，发现该井顶部溶孔发育，长石已风化成黏土矿物（图 5-20），说明本区火成岩体曾暴露于地表，遭受过一定程度的风化作用。

在塔里木盆地库车河剖面，可观察到二叠系火山岩顶部的风化特征及其风化壳的储层物性特征。如图 5-21 所示，可见火山岩顶部爆发相的熔结凝灰岩单元（V）的暗紫色氧化特征和风化特征。熔结凝灰岩呈暗紫色，比较疏松，普遍遭受风化。矿物组成为石英、长石、黑云母、石榴子石。石榴子石的出现表明其岩浆属于过铝型，是地壳深熔的产物。熔结凝灰岩顶部风化壳呈紫红色的疏松土状，厚度为 2~3m，与熔结凝灰岩之间为渐变过渡。风化壳孔隙发育，渗

(a)   (b)

图 5-20　跃南 1 井 4487.5m 岩心照片，溶孔发育
长石受风化表面呈土状

图 5-21　塔里木盆地库车河剖面二叠系顶部熔结凝灰岩及其风化壳
黄色线和粉色线分别指示熔结凝灰岩、风化壳和三叠系砾岩的界面

透性好，且空间连续性好。另一个角度可以看到风化的熔结凝灰岩与上覆三叠系砾岩呈角度不整合，在露头上可以清楚看到二者之间形成了一个陡坎，上部砾岩比较坚硬，而下部风化的火山岩比较易碎。

2. 火山岩的风化作用机理

对跃南 1 井霏细斑岩井段从浅至深采了 10 个样品，进行了主量元素分析，将野外采集的岩石样品用水洗净晾干，用不锈钢擂钵破碎至 80 目后再用玛瑙研钵研磨成 200 目粉末。主量元素的测试是将岩石样品粉末与偏硼酸锂按比例混合均匀后加热至 1150℃ 使其熔融，冷却后制成玻璃片，在北京大学造山带与地壳演化实验室采用 X 射线荧光光谱（X-Ray Fluorescence, XRF）分析，分析精度小于 0.5%，通过比较筛选前人提出的岩石风化程度的指标，对该井火成岩的风化程度进行了研究分析。

活动性指数 MI 表示样品中各元素相对于母岩富集或淋失程度，当 MI 大于 1 时表示该元素在风化过程中富集，当 MI 小于 1 时则表示该元素淋失。将样品中 Ti 作为稳定元素计算其他元素的 MI 值，由图 5-22 可以看出：相对母岩（9、10 号样品）而言 FeO、MgO 的 MI 值远远小于 1，且随深度由深到浅，MI 值有减小的趋势；CaO 的 MI 值稳定在 0.8 左右；SiO_2、Al_2O_3 和 K_2O 的 MI 值略小于 1；P_2O_5 的 MI 值基本保持不变在 1.0 左右；Fe_2O_3 的 MI 值大于 1，最大到 1.3；Na_2O 的 MI 值与母岩相近，个别样品大于 1。由此可以看出，跃南 1 井在风化过程中，MgO 淋失量最大；其次是 CaO；SiO_2、Al_2O_3 和 K_2O 少量淋失；Fe^{2+} 被大量氧化成 Fe^{3+}。这说明在黑云母等少量暗色矿物最易遭受风化，造成 Mg^{2+} 的大量淋失。Na^+、K^+、Ca^{2+} 没有表现强烈的淋失；SiO_2 变化不大，说明石英很难被溶解，这与镜下观察的结果也是一致。借鉴 GCO1988 对花岗岩风化程度的六级分类，跃南 1 井的火成岩属于中等风化程度。

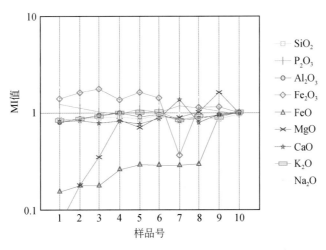

图 5-22　跃南 1 井 10 块岩心样品各元素 MI 值

选取了跃南 1 井样品 1、4、6、8 进行了扫描电镜观察和能谱分析，发现了长石斑晶风化、基质风化的序列。

1）长石斑晶的风化序列

长石斑晶风化有 3 种类型。第一种是解理不发育的长石斑晶表面未遭受明显的溶蚀，直接在矿物表面生长绿泥石（图 5-23）。

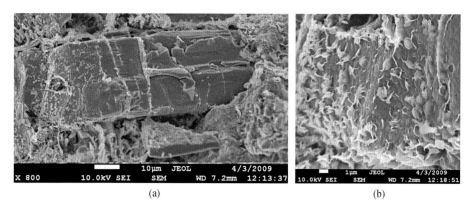

(a)　　　　　　　　　　　　　(b)

图 5-23　跃南 1 井霏细斑岩解理不发育的长石斑晶表面绿泥石化
［(b) 为 (a) 中红框放大］

第二种情况是沿斜长石沿聚片双晶缝方向溶蚀形成一组相互平行的不连续溶蚀缝，或沿微缝加大溶蚀。扫描电镜放大观察，这些溶蚀缝边缘多呈港湾状（图 5-24）。随着长石风化程度的提高，此类溶蚀缝的连续性、宽度、深度和边缘的不规则程度均明显增加，它们拓宽到一定程度后，在横向上相互贯通，形成孔 - 缝网状系统［图 5-24（a）］，同时在矿物的表面也开始溶蚀改造［图 5-24（b）、(c)］，随风化程度进一步加剧，在矿物表面及缝里形成鳞片状伊利石［图 5-24（d）］。

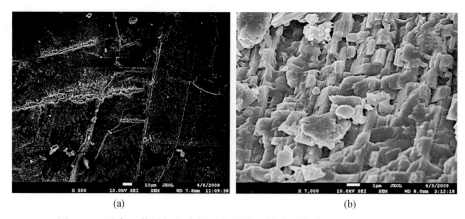

(a)　　　　　　　　　　　　　(b)

图 5-24　跃南 1 井霏细斑岩长石斑晶沿双晶缝风化的过程［(a) → (d)］

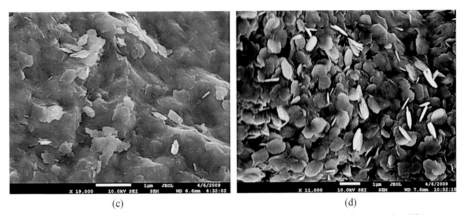

(c)　　　　　　　　　　　　　　(d)

图 5-24　跃南 1 井霏细斑岩长石斑晶沿双晶缝风化的过程 [（a）→（d）]（续）

　　第三种情况是沿解理缝长石斑晶被溶蚀成呈板条、针条状、柱状，形成晶内溶孔，随着进一步风化，在残余部分生长叶片状伊利石（图 5-25）。第二、三种过程都可以形成孔渗较好的储集空间。

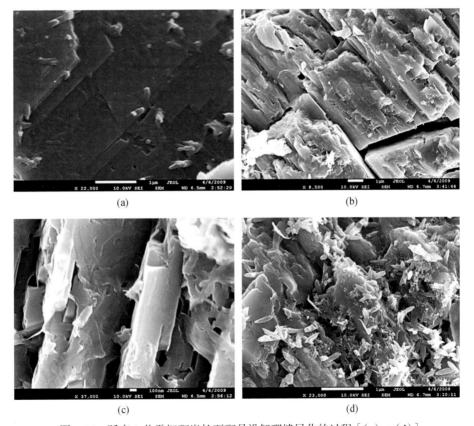

(a)　　　　　　　　　　　　　　(b)

(c)　　　　　　　　　　　　　　(d)

图 5-25　跃南 1 井霏细斑岩长石斑晶沿解理缝风化的过程 [（a）→（d）]

由此可见具有构造破裂面、解理面、双晶接合面的长石易遭受风化，并且这些薄弱面也是长石晶体优先风化的部位。长石晶体上溶蚀痕迹的扩大受长石晶体各向异性控制，同时受长石类型、环境的酸碱度、温度等的影响。石英是抗风化能力较强的矿物，仅少数遭受了溶解作用（图5-26）。

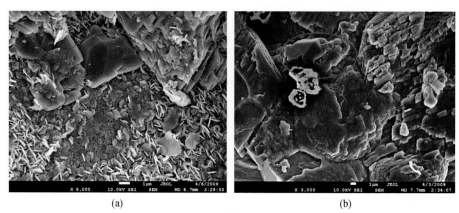

(a)   (b)

图5-26　跃南1井霏细斑岩边缘溶蚀的石英

2）基质的风化序列

跃南1井霏细斑岩基质的风化程度比斑晶风化程度更强烈，说明基质比斑晶更容易风化。基质的风化过程可以分为以下几个阶段：

（1）沿微裂缝最先溶蚀、扩大、延伸形成溶蚀缝［图5-27（a）］；

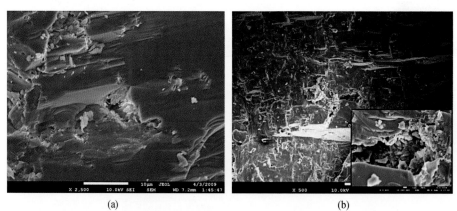

(a)   (b)

图5-27　风化作用最先沿微裂缝溶蚀、扩大、延伸形成溶蚀孔缝过程

（2）沿缝逐渐溶蚀成溶孔、溶洞，在几条缝的交点处更易形成溶孔［图5-27（b）］；

（3）形成网络连通系统（图5-28）；

（4）黏土矿物首先沿缝生长（图5-29）；

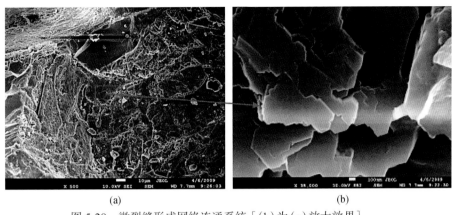

图 5-28　微裂缝形成网络连通系统［(b)为(a)放大效果］

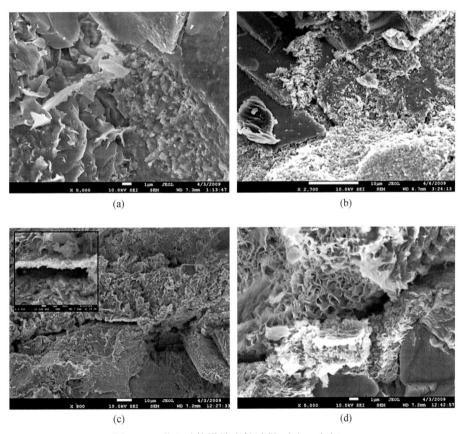

图 5-29　黏土矿物沿缝生长过程［(a)→(d)］

（5）黏土矿物呈衬垫式充填溶孔和溶洞（图 5-30）；

（6）整个基质表面都被风化成黏土矿物（图 5-31）。

3）风化过程中黏土矿物的生长

黏土矿物是岩石风化的产物，黏土矿物的种类与母岩成分、液体酸碱性和温压条件等密切

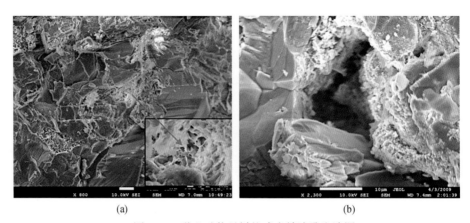

(a)   (b)

图 5-30　黏土矿物呈衬垫式充填溶孔和溶洞

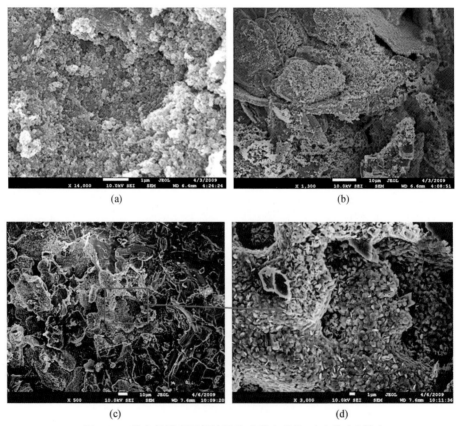

(a)   (b)

(c)   (d)

图 5-31　整个基质表面都被风化成黏土矿物 [（d）为（c）放大]

相关。SEM 分析和能谱分析能从各类黏土矿物的微观形态和成分特征上准确地鉴定黏土矿物的种类。常见各种黏土矿物的化学式如下：

高岭土：$Al_4[Si_4O_{10}](OH)$，常含 Fe^{3+}、Mg^{2+}、Ca^{2+}、K^+ 等；

蒙脱石：$Na_x(H_2O)_4\{(Al_{2-x}Mg_x)[Si_4O_{10}](OH)_2\}$，成分复杂，$Al^{3+}>Mg^{2+}>Fe^{3+}$含量；

伊利石：$K_{1-x}(H_2O)_x\{Al_2[AlSi_3O_{10}](OH)_{2-x}(H_2O)_x\}$。

利用电子扫描电镜观察跃南1井火成岩样品中黏土矿物的形态，同时对形态不同的黏土矿物进行了能谱分析，发现了大量单体为长叶片状、鳞片状的黏土矿物和少量絮状的黏土矿物，能谱分析表明：长叶片状黏土矿物和鳞片状黏土矿物的化学成分几乎一样，铁含量较高，除了O^{2-}、Si^{4+}、Al^{3+}之外，主要以K^+元素为主，为伊利石的特征（图5-32、图5-33）；絮状的黏土矿物能谱分析显示，除了O^{2-}、Si^{4+}、Al^{3+}之外，主要以Mg^{2+}为主，为蒙脱石的特征（图5-34）。可见该井霏细斑岩的风化产物以伊利石为主，含少量蒙脱石，并且保存了黏土矿物生长的整个序列。单体伊利石主要有两种形态，长叶片状和鳞片状，集合体有鳞片状杂乱排列、花瓣状排列等（图5-35～图5-38）。

长叶片状伊利石的生长过程见图5-35，（a）雏形伊利石，在长石残余体上可见长叶片状轮廓，但未脱离母岩；（b）部分脱离母岩的长叶片状雏形伊利石，未发现这类伊利石发育完全的单体。

鳞片状伊利石的生长过程如图5-36，（a）雏形伊利石，未脱离母岩；（b）发育完全的伊利石，大部分已脱离母体成为鳞片状单体，部分还在母岩上继续生长；（c）为（b）放大；（d）发育完全的鳞片状伊利石；还可见长叶片状伊利石和六边形状的伊利石混杂堆在一起。

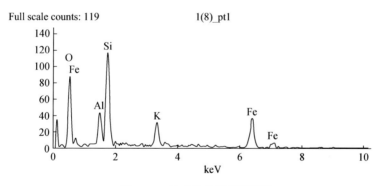

图5-32 长叶片状伊利石能谱

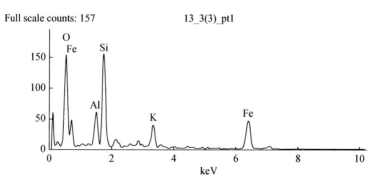

图5-33 鳞片状伊利石能谱

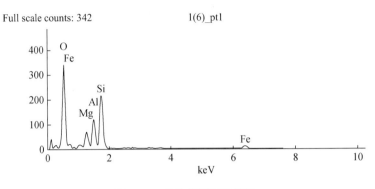

图 5-34　絮状蒙脱石的能谱

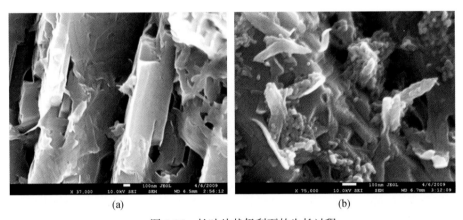

图 5-35　长叶片状伊利石的生长过程

图 5-36　片状伊利石的生长过程［(a)→(b)→(d)，(c)为(b)放大］

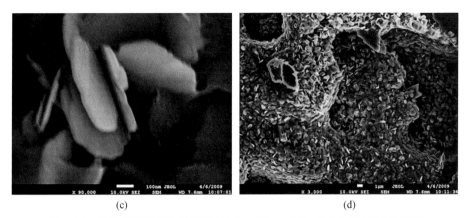

图 5-36 片状伊利石的生长过程 [(a)→(b)→(d)，(c) 为 (b) 放大] (续)

图 5-37（a）六边形状的伊利石和锥形长叶片状伊利石混在一起；图 5-37（b）六边形状的伊利石和发育完全的长叶片状伊利石混在一起。

蒙脱石的生长过程见图 5-38,（a）絮状锥形蒙脱石；未完全脱离母；图（b）絮状锥形蒙脱石，脱离母岩；（c）发育完全的花絮状蒙脱石集合体；（d）发育完全的花状蒙脱石。

图 5-37 长叶片状伊利石和六边形状的伊利石混杂 [(a)、(b)]

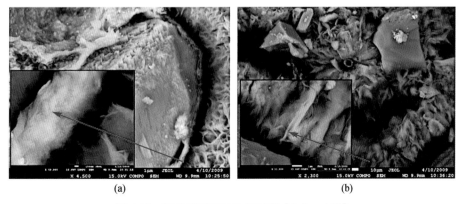

图 5-38 絮状蒙脱石的生长过程 [(a)→(d)]

(c)   (d)

图 5-38　絮状蒙脱石的生长过程 ［(a)→(d)］（续）

以上分析表明，跃南 1 井的火成岩确实经历了一定程度的风化，风化作用能在原生孔隙，尤其在各种冷凝收缩缝、隐爆裂缝、解理和双晶缝的基础上不断溶蚀、淋滤，形成大量的次生溶孔。

分析可知，风化作用强度规律与物性变化规律、微观孔隙结构变化规律非常一致，表明风化作用是形成火成岩次生孔隙的主要原因之一，风化作用能在火成岩原生孔缝的基础上改善火成岩的孔隙结构，大大提高储集物性，风化作用越强，孔渗性越好。

火山岩储层评价

与碎屑岩储层相比，火山岩储层分布受古地理、构造作用、火山作用，及火山喷发作用后的风化淋滤、成岩等多种因素的控制，形成的储集空间更复杂、储层非均质性更强，其研究和评价难度更大。关于火山岩储层评价，本书采用以宏观物性参数孔隙度和渗透率作为储层分类的标准，分为 5 类；形成了重磁、地震、测井、微观鉴定等多技术结合的四步评价法。认为松辽盆地深层和新疆北部地区石炭系是中国火山岩储层油气最发育的地区。

第一节　火山岩储层评价分类标准

当前国内对火山岩储层评价主要以宏观物性参数孔隙度和渗透率作为储层分类的标准，并结合由岩石毛细管压力曲线求取的微观孔隙结构参数进行储层分类评价，也有一些学者提出对裂缝性火山岩储层以地层孔隙度和裂缝密度对其储集性进行划分。

关于火山岩储层的分类评价，本书采用石油天然气行业标准《油气储层评价方法（SY/T 6285—2011）》中有关火山岩储层部分，根据物性差异，分为5类（表6-1）。

表 6-1　火山岩储层评价标准（据 SY/T 6285—2011）

储层分类	孔隙度 /%	渗透率 /mD*
I	$\Phi \geqslant 15$	$K \geqslant 10$
II	$10 \leqslant \Phi < 15$	$5 \leqslant K < 10$
III	$5 \leqslant \Phi < 10$	$1 \leqslant K < 5$
IV	$3 \leqslant \Phi < 5$	$0.1 \leqslant K < 1$
V	$\Phi < 3$	$K < 0.1$

*$1mD \approx 1 \times 10^{-3} \mu m^2$。

第二节　火山岩储层评价技术与方法

火山岩储层地球物理评价方法分四步（图6-1）。① 以重磁电为主，预测火山岩区域分布；② 井震结合，应用地震属性、相干体技术，识别和描述火山岩目标；③ 应用岩心、测井资料评价火山岩有利储层，井震结合反演预测有利储层分布；④ 油气层测井评价。岩性、储层和振幅衰减属性、吸收系数差异结合，检测含油气性，确定钻探目标。

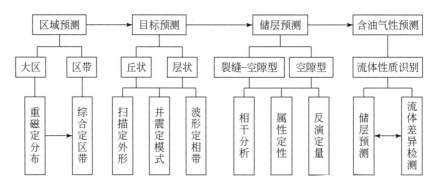

图 6-1　火山岩储层地球物理评价预测流程图

针对火山岩储层的地层、机构、岩性、岩相、储层及流体等评价对象，形成了火山岩宏观分布重磁预测、火山岩储层地震预测、火山岩储层结构与性质测井识别与评价、火山岩储层微观鉴定四大技术系列（表6-2）。

表6-2 火山岩储层评价技术系列

技术系列	火山岩宏观分布重磁预测技术	火山岩储层地震预测技术	火山岩储层结构与性质测井识别与评价技术	火山岩储层微观鉴定技术
火山岩地层	①积分迭代延拓平化曲方法；②斜导数方法；③垂向二阶导数方法；④Theata图方法	①地面炮点与井下检波点联合应用采集；②井震联合地层格架对比；③三维可视化地震资料解释；④火山岩层序地层地震解释	—	—
火山机构	—	①振幅切片动态演化分析；②地层不连续边缘检测；③局部构造异常提取	—	—
火山岩岩性	①火山岩相对视密度；②磁化率相关；③小波多尺度分解；④BP神经网络	①岩石物理分析②炮域波动方程叠前深度偏移结果直接产生角道集③叠前地震反演方法	①ECS测井交会技术；②常规测井交会技术；③成像测井模式及图版定量识别	①薄片鉴定常见光性矿物、矿物组合、共生顺序方法；②薄片SEM能谱、EPMA微区疑难矿物；③元素技术确定岩石化学成分
火山岩岩相	—	①火山岩岩相地震波形聚类分析	①基于测井相模式划分火山岩亚相	—
火山岩储层	—	①地震岩石物理分析；②火山岩岩体地质建模；③深层道集优化处理叠前地震反演	①变骨架参数有效孔隙度解释方法；②岩石物理相分类的渗透率解释方法；③基于背景导电的饱和度解释方法	①建立火山岩激光共聚焦样品制备方法；②激光多层扫描，孔隙结构三维重建；③全直径岩心孔隙度、渗透率分析仪
火山岩储层流体	—	①地震岩石物理分析；②火山岩岩体地质建模；③深层道集优化处理；④叠前地震反演	①三孔隙度组合法；②核磁-密度测井组合法、横纵波时差比值法；③双密度重叠法；④微观孔隙结构的交会图版法	—

第三节　火山岩有利储层评价与分布

松辽盆地深层和新疆北部地区石炭系是中国火山岩储层油气最发育的地区。其中，松辽盆地深层以原生型火山岩储层发育为特征，新疆北部地区石炭系以次生风化型火山岩储层发育为特征。

一、松辽盆地深层原生型火山岩储层

松辽盆地深层火山岩储层，火山机构和相序保存较完整，控制火山岩储集性的主要因素为：岩性岩相、构造裂缝和酸性流体的溶蚀作用。其中，岩性岩相决定火山岩原生孔隙发育；构造裂缝提高火山岩渗透率，并为后期酸性流体提供渗流通道；晚期酸性流体溶蚀作用扩大原生孔隙和裂缝形成次生孔缝。有利储层主要分布在原生孔缝发育的爆发相、侵出相和喷溢相上部亚相（图6-2～图6-16）。

二、新疆北部地区石炭系次生风化型火山岩储层

新疆北部地区石炭系，晚石炭纪—早中二叠纪经历了长达30～60Ma的抬升剥蚀，火山机构普遍保存不完整，发育风化壳，风化壳之下常有300m厚的有效储层。古凸起带剥蚀量大的地方现存的是下石炭统，如东部的克拉美丽山、滴西凸起，古凹陷保存地层相对较新，主要为上石炭统，如五彩湾凹陷、玛湖凹陷。从凹陷中心向周边或从构造带低部位向高部位，石炭系剥蚀量依次增大，上覆地层时代变新，储层物性逐渐变好。长期火山爆发活动形成的高地貌，有利于风化剥蚀作用。因此，火山岩发育的储层风化淋滤、淋滤溶蚀、充填改造的强度控制了储层的有效性，长期风化淋滤的古地貌高地区火山岩储层发育，油气富集（表6-3，图6-17～图6-33）。

系	统	组	段	岩性组合	岩性特征	孢粉组合	年龄/Ma
白垩系	下统	泉头组	二		紫褐色泥质岩夹少量灰白色砂岩、粉砂岩	无突胎纹孢属-三角光面孢-三孔粉属组合	106.0
			一		中厚层砂岩与暗砂质泥岩、泥岩互层	*Trilobosportes-Polyporopollenites*组合	112.0
		登娄库组	四		泥岩与粉砂岩不等厚互层	*Schizaeoisporites-Classopollis*组合	
			三		泥岩、粉砂质泥岩与粉砂岩、细砂岩呈不等厚互层	*Leiotriletes)-Polypodiaceaesporites*组合	
			二		泥岩与粉砂岩、细砂岩呈不等厚互层	*Gleicheniidkes-Clavatipollenites*组合	
			一		杂色砂岩、砂砾岩上部夹少量砂岩、泥岩	*Cyathidkes-Clavatipollenites*组合	124.0
		营城组	三		安山岩、流纹质凝灰岩和蚀变闪长玢岩	大孢子：*Macxisporites、Verrutriletes、Trileites*等	128.0
			二		砾岩、砂岩与泥岩，呈不等厚互层	*Piceites-Piceaepollenites*组合	
			一		灰白色流纹岩		136.0
		沙河子组	三		泥岩夹粒序层理砾岩		
			二		砂砾岩夹薄层泥岩	*Granulatisporktes-Lophotriletes*组合；大孢子：*Ricinospora leavigata*	
			一		砾岩夹薄层泥岩，灰黑色泥岩、泥质粉砂岩互层	*Classopollis-Osmundacidites*组合；大孢子：*Trileites* sp. *Macxisporites*	
		火石岭组			中、基性火山岩、火山碎屑岩互层夹酸性火山岩		145.0
侏罗系	上统	洮南组			凝灰岩、棕褐色流纹岩，杂色安山岩，安岩质晶屑凝灰岩，凝灰质角砾岩		163.5
	中统	白城组			灰绿、灰白色砂岩、砂砾岩及灰黑色泥岩夹煤线及凝灰岩	*Monosulckes-Cyatnldltes*组合；植物：*Coniopteris minturensis、Pitvohvllum* sp.	174.1
基底					板岩、千枚岩、蚀变中性火山岩及花岗岩		

图 6-2 松辽盆地深层地层综合柱状图（据大庆油田，2009）

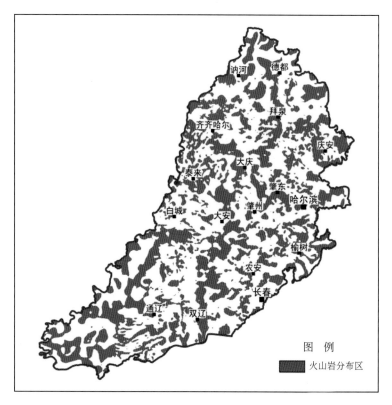

图 6-3　松辽盆地深层火山岩预
测图
［据火山岩油气藏的形成机制与
分布规律（2009CB9300）项目组］

图　例
▓　火山岩分布区

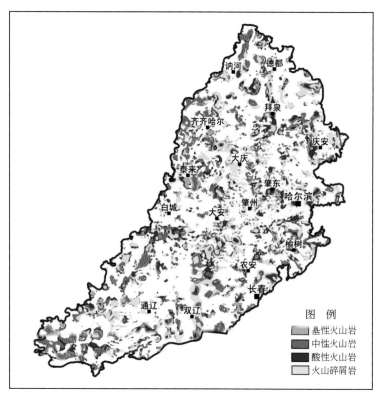

图　例
▨　基性火山岩
▦　中性火山岩
■　酸性火山岩
░　火山碎屑岩

图 6-4　松辽盆地深层火山岩
岩性预测平面图
［据火山岩油气藏的形成机制
与分布规律（2009CB9300）项
目组］

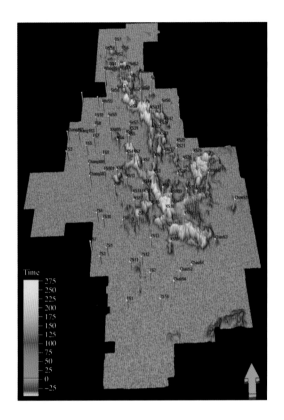

图6-5　营城组火山机构分布图

［据火山岩油气藏的形成机制与
分布规律（2009CB219300）项
目组］

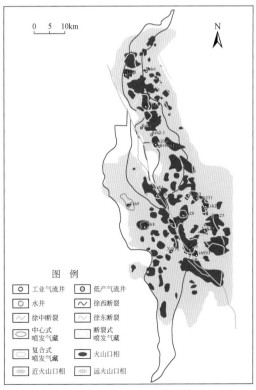

图6-6　徐家围子断陷断裂带及火
山岩岩相与气藏分布关系图

［据火山岩油气藏的形成机制与分
布规律（2009CB219300）项目组］

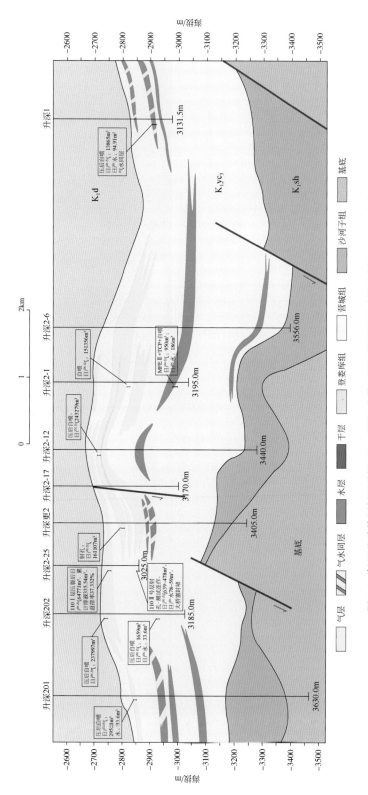

图6-7 松辽盆地徐深气田升深201—升深1井营三段气藏剖面图（据大庆油田，2010年）

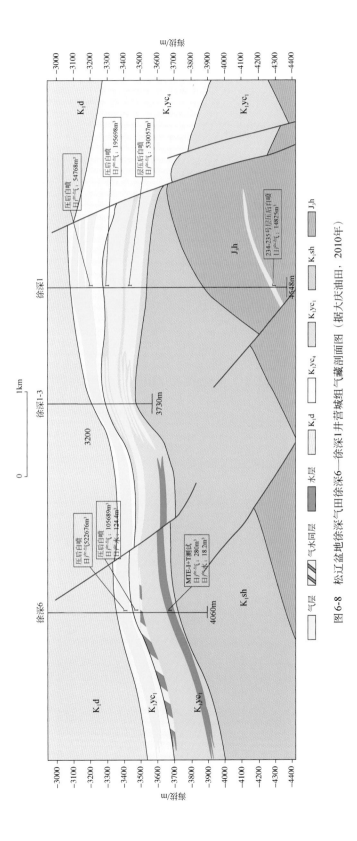

图 6-8 松辽盆地徐深气田徐深6—徐深1井营城组气藏剖面图（据大庆油田，2010年）

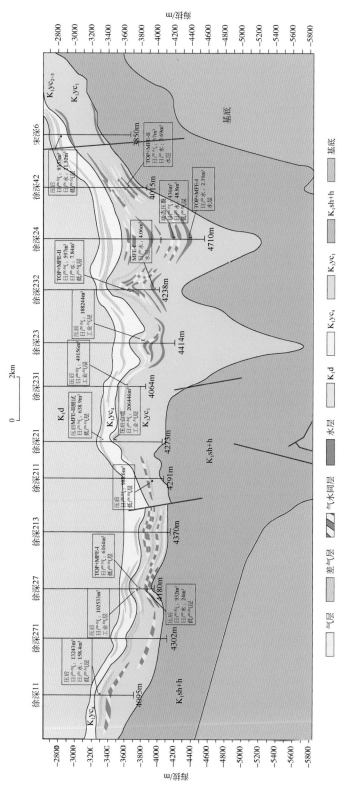

图 6-9 松辽盆地徐深气田徐深 11—宋深 6 井营三段气藏剖面图（据大庆油田，2010 年）

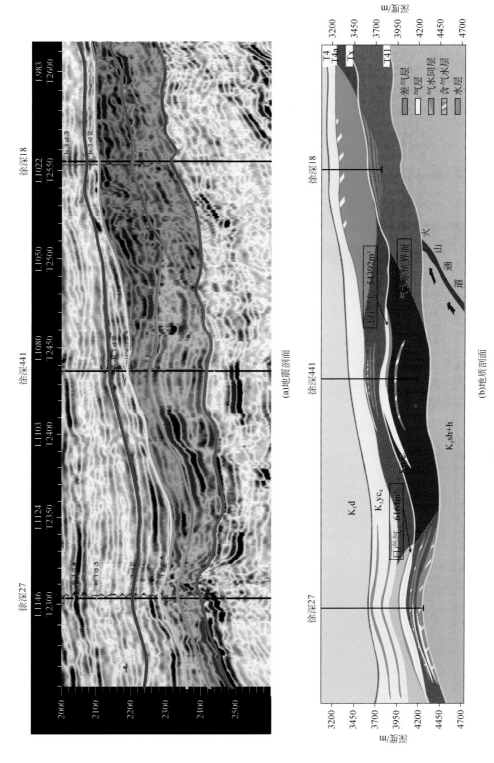

(a)地震剖面

(b)地质剖面

图6-10 松辽盆地火山岩体精细对比解释

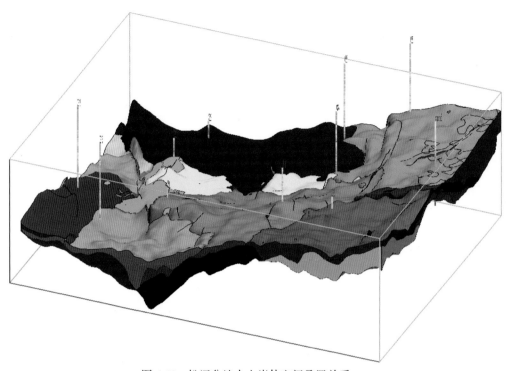

图 6-11　松辽盆地火山岩体空间叠置关系

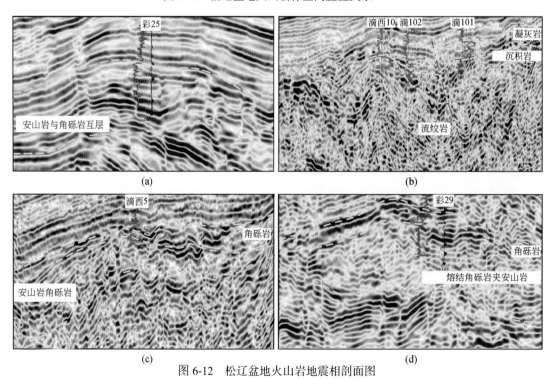

图 6-12　松辽盆地火山岩地震相剖面图

（a）平行连续强反射地震相；（b）弱连续杂乱反射地震相；（c）亚平行弱连续地震相；（d）弱连续弱反射地震相

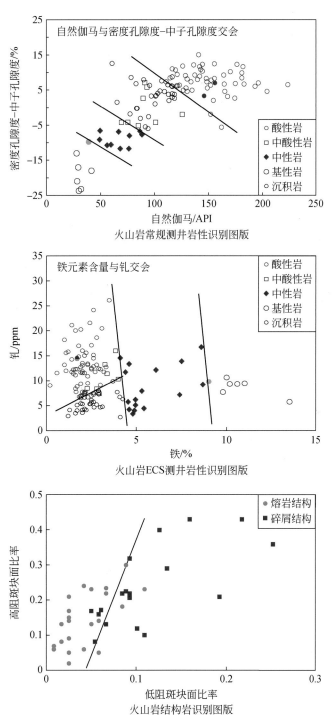

图 6-13　松辽盆地徐家围子地区营城组火山岩测井识别图版

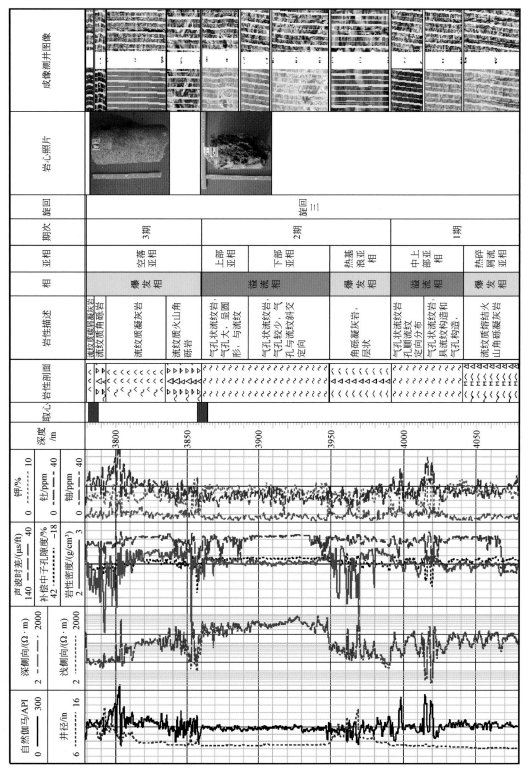

图6-14 松辽盆地徐深903井白垩系营城组火山岩岩性-岩相综合柱状图

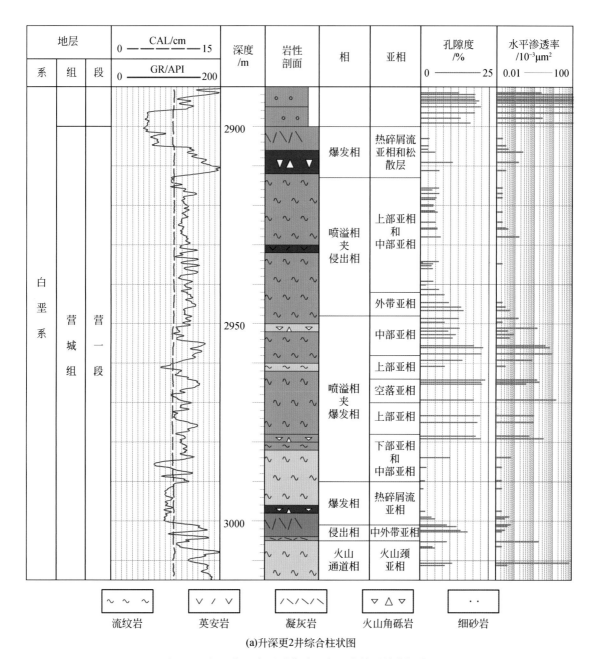

(a)升深更2井综合柱状图

图 6-15 松辽盆地白垩系营城组火山岩储层单井评价图

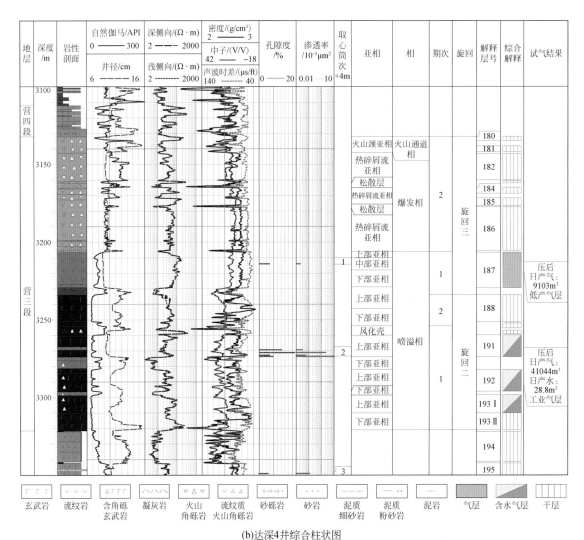

(b)达深4井综合柱状图

图 6-15　松辽盆地白垩系营城组火山岩储层单井评价图（续）

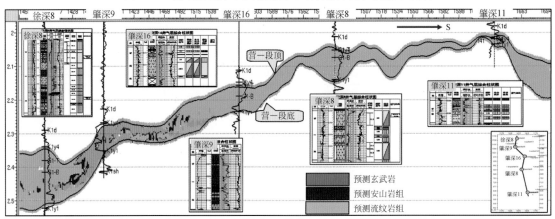

(a)岩性地震预测剖面

图 6-16　火山岩储层地震预测剖面

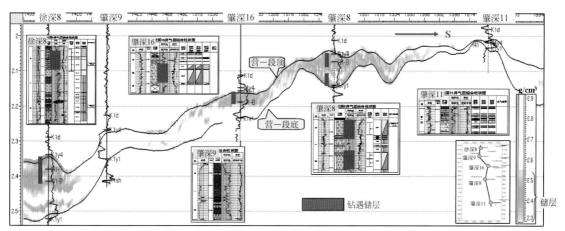

(b)储层地震预测剖面

图 6-16 火山岩储层地震预测剖面（续）

表 6-3 准噶尔盆地石炭系火山岩储层分区对比表

地区 类别	北三台地区	陆东-五彩湾地区	西北缘
火山喷发类型	中心式喷发为主，中性火山碎屑岩发育	沿深大断裂带呈串珠状中心式喷发，火山熔岩和火山碎屑物交替喷出、相互叠置	中心式喷发和裂隙式喷发均有发育，由红车断裂带的中心式喷发向克百断裂带、乌夏断裂带的裂隙喷发过渡
岩性及岩石类型组合	发育以安山岩为主要岩石类型的玄武岩-安山岩-流纹岩组合以及以安山质火山角砾岩为主要类型的熔结火山角砾岩-火山角砾岩-凝灰岩组合	发育以玄武岩为主要岩石类型的双峰式玄武岩-流纹岩组合以及以火山角砾岩为主要类型的熔结火山角砾岩-火山角砾岩-凝灰岩组合	发育以玄武岩为主要岩石类型的玄武岩-玄武质安山岩-安山岩组合以及以玄武质火山角砾岩为主要类型的熔结火山角砾岩-火山角砾岩-凝灰岩组合
岩相类型	以爆发相和溢流相为主，火山沉积相次之	各个火山岩相均有发育，以溢流相和爆发相为主，火山沉积相次之	以爆发相、溢流相和火山沉积相为主，局部发育火山通道相和侵出相
储集岩类	安山岩、火山角砾岩	花岗岩、玄武岩、流纹岩、凝灰岩	火山熔岩、火山角砾岩、熔结凝灰岩
储集空间类型	主要为斑晶、基质、杏仁体、角砾间和裂缝等各类次生溶蚀孔为主，裂缝普遍发育，原生孔隙亦较发育	主要为斑晶、基质、杏仁体、角砾间和裂缝等各类次生溶蚀孔为主，原生孔隙大部分被充填，裂缝普遍发育	主要为斑晶、基质、杏仁体、角砾间和裂缝等各类次生溶蚀孔为主，裂缝普遍发育，原生孔隙亦较发育
储集空间组合	以构造缝-溶蚀缝-溶孔组合为主，晶间孔-原生孔-构造缝-溶蚀孔组合次之	以构造缝-溶蚀缝-溶孔组合为主，晶间孔-原生孔-构造缝-溶蚀孔组合次之	以构造缝-溶蚀缝-溶孔组合为主，晶间孔-原生孔-构造缝-溶蚀孔组合次之
储层类型	原生型和次生溶蚀型储层均有发育，以次生溶蚀型储层为主	次生溶蚀型	次生溶蚀型
优质储层发育部位	石炭系顶部长期风化淋滤的古地貌高地和石炭系内原生孔缝发育的溢流相上部亚相	石炭系顶部长期风化淋滤的古地貌高地	断裂发育区的石炭系顶部爆发相和溢流相火山岩

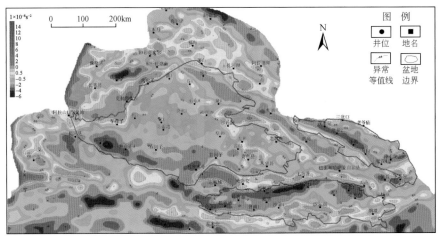

图 6-17　新疆北部地区重力垂直一阶导数异常图

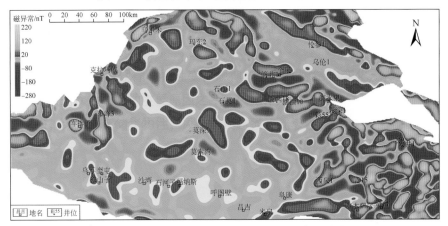

图 6-18　准噶尔盆地石炭系磁异常局部剩余场分布图

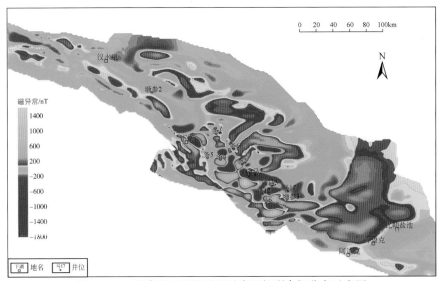

图 6-19　三塘湖盆地石炭系磁异常局部剩余场分布示意图

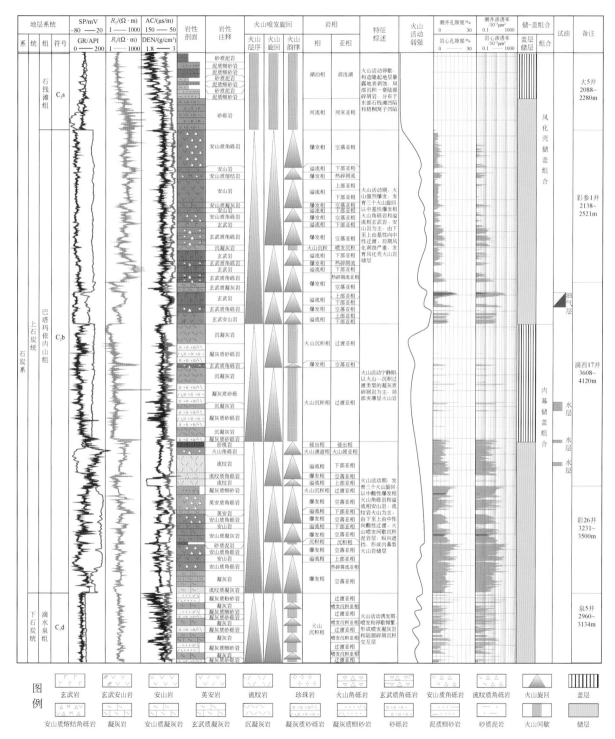

图 6-20　准噶尔盆地石炭系火山岩油气综合柱状图

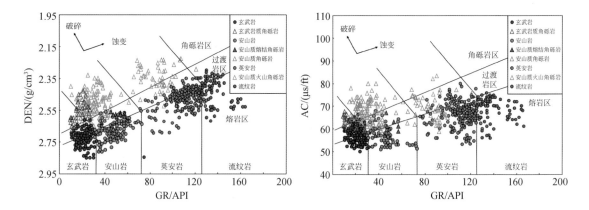

图 6-21　准噶尔盆地石炭系火山岩岩性及蚀变程度识别图版

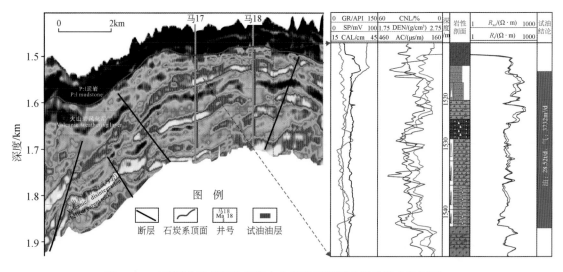

图 6-22　三塘湖盆地多期次喷发火山岩储层预测及测井相应特征图

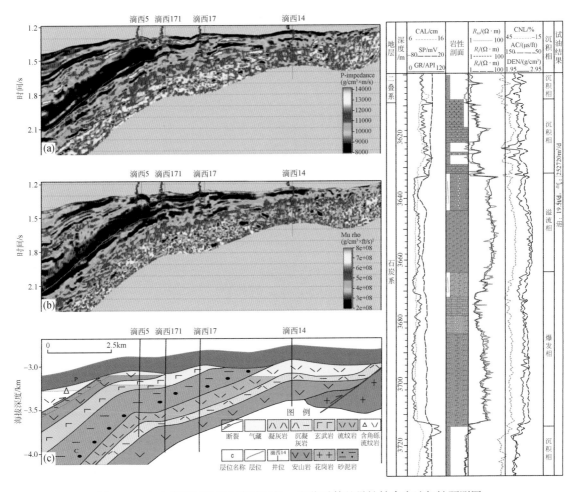

图 6-23　火山岩储层及振幅衰减属性、吸收系数差异性结合含油气性预测图

（a）陆东地区火山岩储层横波波阻抗反演剖面；（b）陆东地区振幅衰减属性与吸收系数差异反演剖面；
（c）陆东地区气藏剖面；（d）滴西 17 井石炭系综合评价图

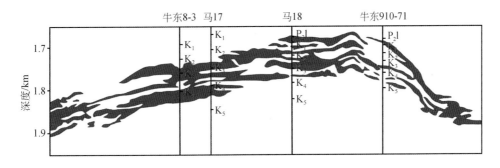

图 6-24　三塘湖盆地牛东地区火山岩含油性预测

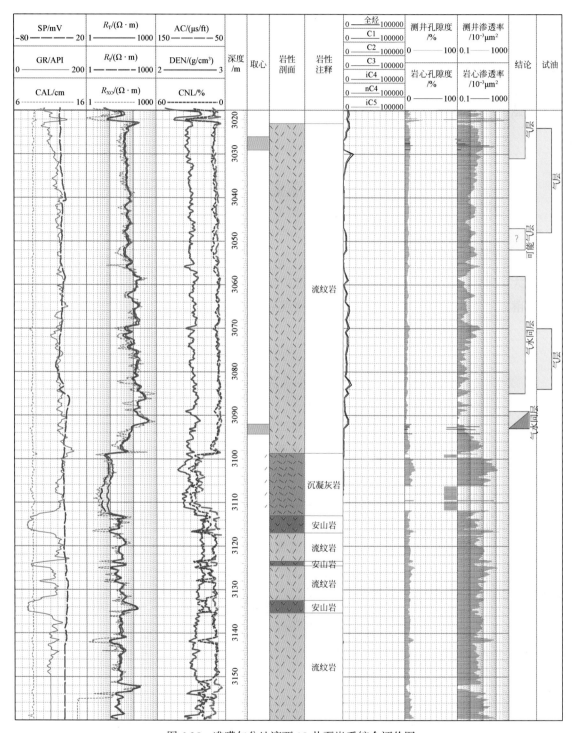

图 6-25　准噶尔盆地滴西 10 井石炭系综合评价图

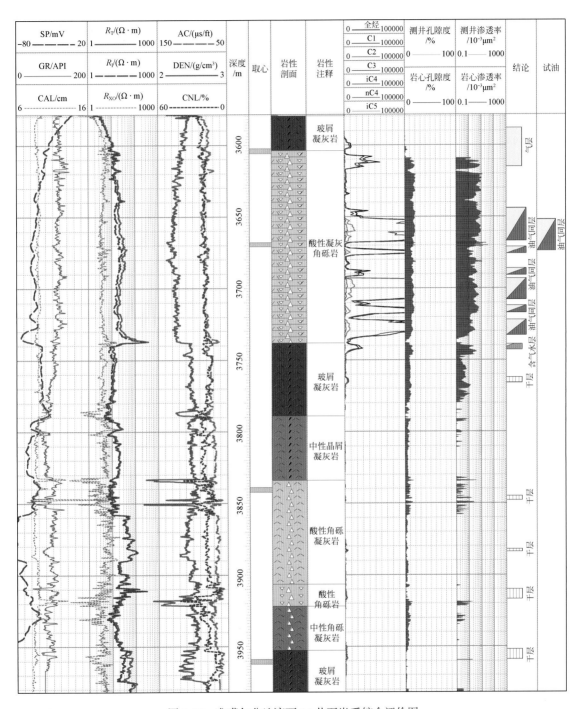

图 6-26　准噶尔盆地滴西 14 井石炭系综合评价图

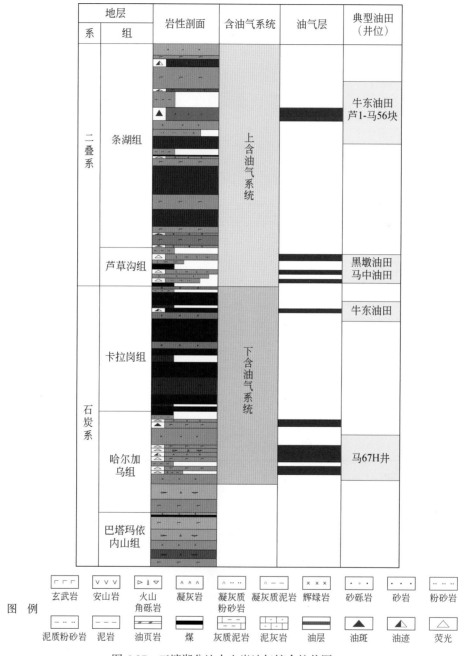

图例

玄武岩	安山岩	火山角砾岩	凝灰岩	凝灰质粉砂岩	凝灰质泥岩	辉绿岩	砂砾岩	砂岩	粉砂岩
泥质粉砂岩	泥岩	油页岩	煤	灰质泥岩	泥灰岩	油层	油斑	油迹	荧光

图 6-27　三塘湖盆地火山岩油气综合柱状图

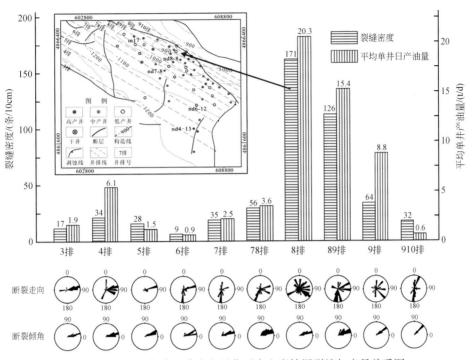

图 6-28　西部古生代次生风化型火山岩储层裂缝与产量关系图

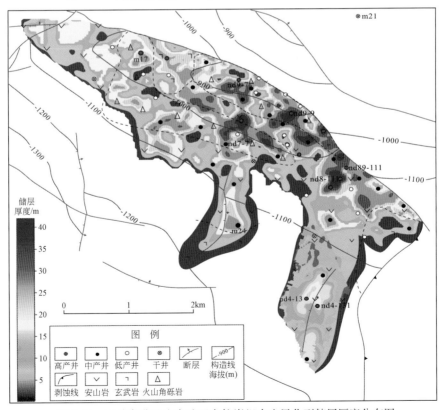

图 6-29　三塘湖盆地牛东油田卡拉岗组次生风化型储层厚度分布图

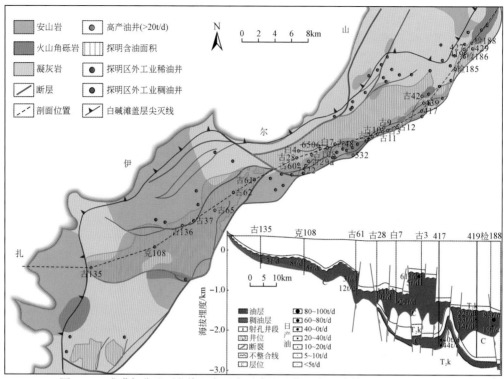

图 6-30　准噶尔盆地西北缘上盘石炭系次生风化型火山岩储层及油层分布图

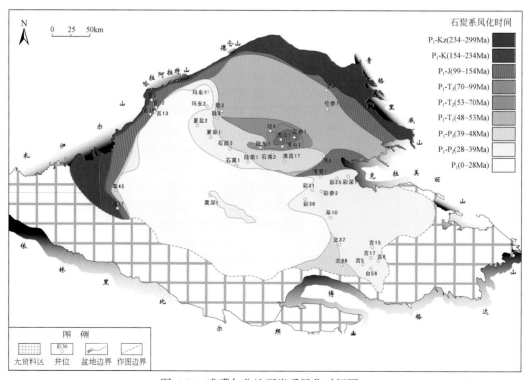

图 6-31　准噶尔盆地石炭系风化时间图

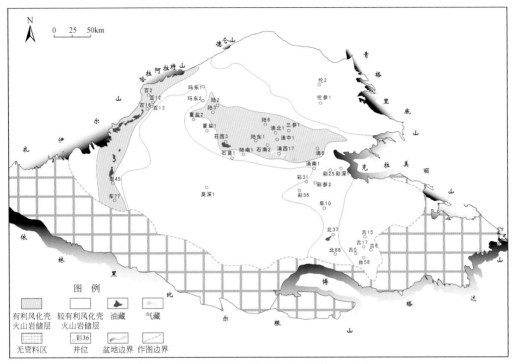

图 6-32 准噶尔盆地石炭系火山岩有利储层分布图

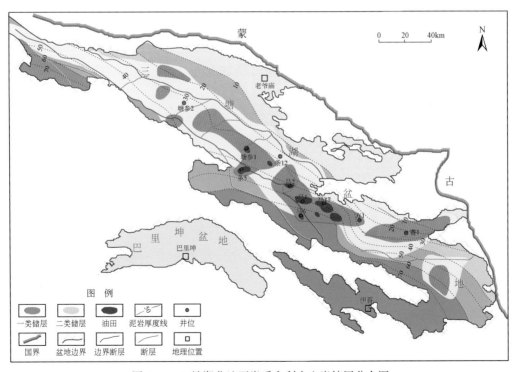

图 6-33 三塘湖盆地石炭系有利火山岩储层分布图

参考文献

阿韦尔布赫.1996.在埋藏火山岩风化壳中寻找油气藏的方法.国外地质科技,(1):15~19

白志达,孙善平,徐德斌,刘永顺.2004.火山碎屑岩的一种重要类型——熔积岩.地学前缘,11(3):31

蔡忠贤,陈发景,贾振远.2000.准噶尔盆地的类型和构造演化.地学前缘,7(4):431~440

操应长,邱隆伟.2000.济阳坳陷下第三系火成岩储集层的控制因素.石油勘探与开发,27(5):44~49

操应长,姜在兴,邱隆伟.1999.山东惠民凹陷741块火成岩油藏储集空间类型及其形成机理探讨.岩石学报,15(1):129~136

陈发景,汪新文,汪新伟.2005.准噶尔盆地的原型和构造演化.地学前缘,12(3):77~89

陈建文,王德发,张晓东,李长山等.2000.松辽盆地徐家围子断陷营城组火山岩相和火山机构分析.地学前缘,7(4):371~379

陈军,范晓敏,莫修文.2007.火山碎屑岩岩性的测井识别方法.吉林大学学报(地球科学版),37(增刊):99-101

陈庆春,朱东亚,胡文瑄,曹学伟.2003.试论火山岩储层的类型及其成因特征.地质论评,49(3):286~291

成守德,王元龙.1998.新疆大地构造演化基本特征.新疆地质,16(2):97~107

崔勇,栾瑞乐,赵澄林.2000.辽河油田欧利坨子地区火山岩储集层特征及有利储集层预测.石油勘探与开发,27(5):47~49

戴亚权,罗静兰,林潼等.2007.松辽盆地北部升平气田营城组火山岩储层特征与成岩演化.中国地质,34(3):528~535

邓晋福,赵国春,赵海玲等.2000.中国东部燕山期火成岩构造组合与造山——深部过程.地质论评,46:41~48

杜金虎等.2010.新疆北部石炭系火山岩油气勘探.北京:石油工业出版社.1~213

杜韫华,代贤忠,刘继昌.1990.鲁北新生代隐伏火山岩及其石油地质意义.岩石学报,(3):43~52

冯志强，王玉华，雷茂盛等. 2007. 松辽盆地深层火山岩气藏勘探技术与进展. 天然气工业，27: 9~12

冯志强，张晓东，任延广等. 2004. 海拉尔盆地油气成藏特征及分布规律. 大庆石油地质与开发，23: 16~19

冯子辉，邵红梅，童英. 2008. 松辽盆地庆深气田深层火山岩储层储集性控制因素研究. 地质学报，82(6): 760~768

高俊，汤耀庆，赵民. 1995. 新疆南天山蛇绿岩的地质地球化学特征及形成环境初探. 岩石学报，11(增刊): 85~97

高山林，李学万，宋柏荣. 2001. 辽河盆地欧利坨子地区火山岩储集空间特征. 石油与天然气地质，22(2): 173~178

顾连兴，胡受奚，于春水等. 2000. 东天山博格达造山带石炭纪火山岩及其形成地质环境. 岩石学报，16(3): 305~316

郭克园，蔡国刚，罗海炳等. 2002. 辽河盆地欧利坨子地区火山岩储层特征及成藏条件. 天然气地球科学，13(3): 60~66

郭齐军，万智民，焦守诊等. 1997. 火山岩储集层的研究. 石油实验地质，19(4)337~339

韩宝福，何国琦. 1999. 后碰撞幔源岩浆活动底垫作用及准噶尔盆地基底的性质. 中国科学，29(1): 16~21

郝建荣，周鼎武，柳益群等. 2006. 新疆三塘湖盆地二叠纪火山岩岩石地球化学及其构造环境分析. 岩石学报，22(1): 189~198

何登发，贾承造，李德生等. 2005. 塔里木多旋回叠合盆地的形成与演化. 石油天然气地质，26: 64~77

何国琦，李茂松，贾进斗等. 2001. 论新疆东准噶尔蛇绿岩的时代及其意义. 北京大学学报，37: 852~858

何国琦，李茂松，刘德权等. 1994. 中国新疆古生代地壳演化及成矿. 乌鲁木齐: 新疆人民出版社，香港: 香港文化教育出版社. 1~437

贺凯. 2009. 准噶尔盆地东部石炭系火山岩油气成藏规律研究. 北京: 中国地质大学(北京)博士研究学位论文

胡蔼琴，韦刚健．2003.关于准噶尔盆地基底时代问题的讨论——据同位素年代学研究的结果．新疆地质，21(4): 398~440

胡见义，赵文智，钱凯．1996.中国西北地区石油天然气地质基本特征．石油学报，17: 1~11

胡平，石新璞，解宏伟等．2002.准东白家海——五彩湾地区成藏动力学系统．新疆石油地质，23(4): 302~305

黄汲清，姜春发，王作勋．1990.新疆及邻区板块开合构造及手风琴式运动．新疆地质科学，(1): 3~16

贾承造，宋岩，魏国齐等．2005.中国中西部前陆盆地的地质特征及油气聚集．地学前缘，12: 3~13

贾承造，赵文智，邹才能，冯志强等．2007.岩性地层油气藏地质理论与勘探技术．石油勘探与开发，34(3): 257~272

江远达．1982.关于准噶尔地区基底问题的初步探讨．新疆地质，2(1): 11~16

金之钧，王清晨．2004.中国典型叠合盆地与油气成藏研究新进展——以塔里木盆地为例．中国科学（学位论文），（增刊）: 1~12

康玉柱．2005.中国西北地区叠加复合盆地油气成藏特征．地质力学学报，11: 1~10

康玉柱．2008.新疆两大盆地石炭—二叠系火山岩特征与油气．石油实验地质，30(4): 321~327

匡立春．1990.克拉玛依油田5-8区二叠系佳木河组火成岩岩性识别．石油与天然气地质，1990，11(2): 193~201

匡立春，薛新克，邹才能等．2007.火山岩岩性地层油藏成藏条件与富集规律——以准噶尔盆地克—百断裂带上盘石炭系为例．石油勘探与开发，34(3): 285~290

雷敏，赵志丹，侯青叶等．2008.新疆达拉布特蛇绿岩带玄武岩地修化学特征：古亚洲洋与特提斯洋的对比．岩石学报，2008，24(1): 662~672

李昌年．1992.火成岩微量元素岩石学．武汉：中国地质大学出版社．74~94

李锦轶，肖序常．1999.对新疆地壳结构与构造演化几个问题的简要评述．地质科学，34(4): 405~419

李锦轶，何国琦，徐新等．2006.新疆北部及邻区地壳构造格架及其形成过程的初步探讨．地质学报，2006，80(1): 148~168

李锦轶，肖序常，陈文. 2000. 新疆准噶尔盆地东部的前晚奥陶世陆壳基底来自盆地东北缘老君庙变质岩的证据. 中国区域地质，19(3): 297~302

李锦轶，肖序常，陈文等. 2000. 新疆北部晚石炭世至晚三叠世地壳热演化. 地质学报，74(4): 303~312

李军. 2008. 准噶尔盆地西北缘石炭系火山岩油藏储层分布规律及控制因素研究. 北京：中国地质大学（北京）博士研究生学位论文

李绍光. 1988. 孔店南部安山岩储集类型控制因素及相的初步研究. 石油勘探与开发，4: 1~8

李思田. 2004. 大型油气系统形成的盆地动力学背景. 地球科学，29: 505~512

李文侠. 1986. 苏联穆拉德汉雷油田—裂缝性喷发岩油田实例. 国外石油地质

梁官忠，吴书成，郭志强. 阿北安山岩油藏储层分布发育规律及影响因素. 断块油气田，7(1): 10~15

梁云海，李文铅，李卫东. 2004. 新疆准噶尔造山带多旋回开合构造特征. 地质通报，23(3): 279~285

廖忠礼，莫宣学，喻学惠等. 2001. 从31届地质大会看火成岩石学的研究动向. 岩石矿物学杂志，20(3): 360~366

刘和甫，李晓清，刘立群. 2005. 伸展构造与裂谷盆地成藏区带. 石油与天然气地质，26: 537~552

刘惠民，肖焕钦，韩荣花. 1988. 火成岩油藏相模式及储集层研究. 复式油气藏，4: 40~43

刘家远，袁奎荣. 1996. 新疆乌伦古富碱花岗岩带碱性花岗岩成因及其形成构造环境. 高校地质学报，2(3): 257~272

刘嘉麒. 1999. 中国火山. 北京：科学出版社

刘魁元，康仁华，钱峥. 2000. 罗151井区侵入岩油藏储集层分布及成藏特征. 石油勘探与开发，27(6): 16~18

刘若新. 2000. 中国的活火山. 北京：科学出版社

刘万洙，门广田，边伟华等. 2003. 松辽盆地北部深层火山岩储层特征. 石油与天然气地质，24(1): 28~32

刘为付，刘双龙，孙立新. 2000a. 辽河坳陷大洼地区安山岩储层特征研究. 特种油气藏，7(3):

11~13, 17

刘为付, 刘双龙, 孙立新. 2000b. 三塘湖盆地条湖凹陷二叠系安山岩储集层类型及参数特征. 新疆石油地质, 21(6): 483~487

龙灵利, 高俊, 钱青等. 2008. 西天山伊犁地区石炭纪火山岩地球化学特征及构造环境. 岩石学报, 24(4): 699~710

龙晓平, 孙敏, 袁超等. 2006. 东准噶尔石炭系火山岩的形成机制及其对准噶尔洋闭合时限的制约. 岩石学报, 22(1): 31~40

陆加敏. 2007. 升平气田火山岩岩性、岩相及孔隙特征研究. 石油天然气学报, 29(3): 15~18

罗静兰, 张成立. 2002. 风化店中生界火山岩油藏特征及油源. 石油与天然气地质, 23(4): 357~360

罗静兰, 曲志浩, 孙卫等. 1996. 风化店火山岩岩相、储集性与油气的关系. 石油学报, 17(1): 32~39

罗静兰, 邵红梅, 张成立. 2003. 火山岩油气藏研究方法与勘探技术综述. 石油学报, 24(1): 31~39

罗群. 2008. 断裂与火山岩油气藏. 石油天然气学报, 30(5): 12~17

马乾, 鄂俊杰, 李文华. 2000. 黄骅坳陷北堡地区深层火成岩储层评价. 石油与天然气地质, 21(4): 337~344

马瑞士, 叶尚夫, 王赐银等. 1990. 东天山造山带构造格架和演化. 新疆地质科学, (2): 21~36

毛振强, 陈凤莲. 2005. 高青油田孔店组火山岩储集特征及成藏规律研究. 矿物岩石, 25(1): 104~108

毛治国, 朱如凯, 王京红, 苏玲, 都占海. 2015. 中国沉积盆地火山岩储层特征与油气聚集. 特种油气藏, 22(5): 1-8

毛治国, 邹才能, 朱如凯. 2010. 准噶尔盆地石炭纪火山岩岩石地球化学特征及其构造环境学意义. 岩石学报, 26(1): 207~216

蒙启安, 门广田. 2001. 松辽盆地深层火山岩体、岩相预测方法及应用. 大庆石油地质与开发, 20(3): 21~247

孟宪波, 何新, 韩淑静等. 2003. 商741地区火成岩储层研究. 特种油气藏, 10(1): 78~82

慕德梁. 2007. 辽河坳陷牛心坨地区中生代火山岩储层特征. 断块油气田, 14(5): 1~4

牛嘉玉, 张映红, 袁选俊等. 2003. 中国东部中新生代火成岩石油地质研究、油气勘探前景及面临问题. 特种油气藏, 10(1): 7~21

庞雄奇, 罗晓容, 姜振学等. 2007. 中国西部复杂叠合盆地油气成藏研究进展与问题. 地球科学进展, 22: 879~887

片平忠美. 1974. 新泻县沉积盆地的凝灰岩中的油气. 石油技术协会志, (6)

钱青, 高俊, 熊贤明, 龙灵利, 黄德志. 2006. 西天山昭苏北部石炭纪火山岩的岩石地球化学特征、成因及形成环境. 岩石学报, 22(5): 1307~1323

钱峥. 1999. 济阳坳陷罗151块火成岩油藏储集层概念模型. 石油勘探与开发, 26(6): 72~74

钱峥, 李淳, 邱隆伟等. 1999. 火成岩油藏成藏机理深讨. 地质论评, 45(增刊): 605~611

邱家骧. 1991. 国际地科联火成岩分类学分委会推荐的火山岩分类简介. 现代地质, 5(4): 457~468

邱家骧. 2001. 岩浆岩岩石学. 北京: 地质出版社

邱家骧, 陶奎元, 赵俊磊等. 1996. 火山岩. 北京: 科学出版社

邱良璧, 汪良毅. 1991. 克拉玛依油田一区石炭系火山岩油藏试井研究. 新疆石油地质, 12(2): 142~149

邱隆伟, 姜在兴, 席庆福. 2000. 欧利坨子地区沙三下亚段火山岩成矿作用及孔隙演化. 石油与天然气地质, 21(2): 139~143

曲延明, 舒萍, 王强. 2006. 兴城气田火山岩储层特征研究. 天然气勘探与开发, 29(3): 13~16

任纪舜, 肖藜薇. 2002. 中国大陆含油气区大地构造 见: 李德生主编. 中国含油气盆地构造学. 北京: 石油工业出版社

任收麦, 黄宝春. 2002. 晚古生代以来古亚洲洋构造域主要块体运动学特征初探. 地球物理学进展, 17(1): 113~120

任作伟, 金春爽. 1999. 辽河坳陷洼609井区火山岩储集层的储集空间特征. 石油勘探与开发, 26(4): 54~56

舒萍, 丁日新, 曲延明. 2007. 徐深气田火山岩储层岩性岩相模式. 天然气工业, 27(8): 23~27

束景锐, 肖敦清, 苏俊青. 1997. 黄骅坳陷枣北地区沙三段火山岩油藏储层特征. 特种油气藏,

4(3): 1~5

宋岩，王喜双，房德权．2000．准噶尔盆地含油气系统的形成与演化．石油学报，21: 20~25

孙卫．1998．风化店火山岩油藏开发效果分析研究．石油学报，19(2): 80~86

陶奎元，杨祝良，王力波．1998．苏北闵桥玄武岩储油的地质模型．地球科学 (中国地质大学学报)，23(3): 272~276

汪云亮，张成江等．2001．玄武岩类形成的大地构造环境的 Th/Hf-Ta/Hf 图解判别．岩石学报，17(3): 413~421

王德滋，周新民．1982．火山岩岩石学．北京 : 科学出版社

王方正，杨梅珍等．2002．准噶尔盆地岛弧火山岩地体拼合基底的地球化学证据．岩石矿物学杂志，21(1): 1~10

王方正，杨梅珍，郑建平．2002．准噶尔盆地陆梁地区基底火山岩的岩石地球化学及其构造环境．岩石学报，18(1): 9~16

王金友，张世奇，赵俊青等．2003．海湾盆地惠民凹陷临商地区火山岩储层特征．石油实验地质，25(3)264~269

王京彬，徐新．2006．新疆北部后碰撞构造演化与成矿．地质学报，80(1): 23~31

王玲，孙夕平，张研等．2007．松辽盆地深层断裂体系对火山岩成因和火山岩岩相带的控制——以徐深地区为例．天然气地球科学，18(3): 288~293

王璞珺，陈树民，刘万洙等．2003．松辽盆地火山岩岩相与火山储层的关系．石油与天然气地质，24(1): 18~23

王璞珺，迟元林，刘万洙等．2003．松辽盆地火山岩岩相—类型、特征和储层意义．吉林大学学报 (地球科学版)，33(4): 449~456

王璞珺，侯启军，刘万洙．2007．松辽盆地深层火山岩储层岩相特征和天然气的来源．世界地质，26(3): 319~326

王璞珺，冯志强等．2008．盆地火山岩．北京 : 科学出版社

王璞珺，吴河勇，庞颜明等．2006．松辽盆地火山岩相、相序、相模式与储层物性的定量关系．吉林大学学报 (地球科学版)，36(5): 805~812

王元龙，成守德．2001．新疆地壳演化与成矿．地质科学，36(2): 129~143

王志欣，赵澄林，刘孟慧. 1991. 阿北油田火山岩岩相及其储集性能. 石油大学学报（自然科学版），15(3): 15~21

魏喜，李学万，郭军等. 2001. 欧利坨子地区火山岩储层特征及成因探讨. 特种油气藏，8(1): 50-53

吴昌志，顾连兴，任作伟，陈振岩等. 2005. 中国东部中、新生代含油气盆地火成岩油气藏成藏机制. 地质学报，79(4): 522~530

吴磊，徐怀民，季汉成等. 2005. 松辽盆地杏山地区深部火山岩有利储层的控制因素及分布预测. 现代地质，19(4): 585~595

吴小齐，刘德良，魏国齐，李剑，李振生. 2009. 准噶尔盆地陆东－五彩湾地区石炭系火山岩地球化学特征及其构造背景. 岩石学报，25(1): 55~66

吴运强，常秋生，蒋宜勤，孙自金等. 2006. 气孔状火山碎屑岩储集层成因特征及油气勘探意义. 新疆石油地质. 27(2): 166~168

夏林圻，夏祖春，徐学义等. 2004. 天山石炭纪大火成岩省与地幔柱. 地质通报，23(9): 903-910

夏林圻，夏祖春，徐学义等. 2007. 利用地球化学方法判别大陆玄武岩和岛弧玄武岩. 岩石矿物学杂志，26(1): 77~89

夏林圻，张国伟等. 2002. 天山古生代洋盆开启、闭合时限的岩石学约束——来自震旦纪、石炭纪火山岩的证据. 地质通报，21(2): 55~62

夏之秋. 1991. 火山岩和火山沉积岩中有油气藏. 中国地质，(9): 30

肖军，Tourbal K，王华等. 2004. 渤海湾盆地南堡凹陷火山岩特征及其有利成藏条件分析. 地质科技情报，23(1): 52~57

肖军，王华，王方正等. 2004. 渤海湾盆地南堡凹陷火山岩特征及其有利成藏条件分析. 地质科技情报，23(1): 52~57

肖文交，韩春明，袁超等. 2006. 新疆北部石炭纪—二叠纪独特的构造-成矿作用：对古亚洲洋构造域南部大地构造演化的制约. 岩石学报，22(5): 1062~1076

肖序常，汤耀庆，冯益民等. 1992. 新疆北部及其邻区大地构造. 北京：地质出版社. 104~123

肖序常，汤耀庆，李锦轶等. 1991. 古中业复合巨型缝合带南缘构造演化. 北京：北京科学技术

出版社 . 1~29

肖毓祥，李军，陈再学，丛玉梅等 . 2008. 深埋藏气孔状流纹质熔结火山碎屑岩储层特征与成因分析——以准噶尔盆地西北缘夏 72 井区火山岩油藏为例 . 石油天然气学报，2008，30(5): 22~26

新疆维吾尔自治区地质矿产局 . 1993. 新疆维吾尔自治区区域地质志 . 北京：地质出版社 . 515~562

新疆油田公司勘探开发研究院勘探所 . 2003. 准噶尔盆地油气勘探研究 . 乌鲁木齐：新疆科学技术出版社

星一良 . 1992. 秋田及新潟的凝灰若的变质与储集层性质 . 石油技术协会志，(1)

邢秀娟 . 2004. 新疆三塘湖盆地二叠纪火山岩研究 . 西安：西北大学

熊琦华，吴胜和，魏新善 . 1998. 三塘湖盆地二叠系火成岩储集特征及储层发育的控制因素 . 石油实验地质，1998，20(2): 129~134

徐春华，黄小平，于红果等 . 2007. 克拉玛依油田石炭系火山岩有利储层识别 . 测井技术，31(3): 256~262

徐义刚 . 1999. 拉张环境中的大陆玄武岩岩浆作用：性质及其动力学过程 . 见：郑永飞主编 . 化学地球动力学 . 北京：科学出版社

许继峰，梅厚钧，于学元等 . 2001. 准噶尔北缘晚古生代岛弧中与俯冲作用有关的 adakite 火山岩：消减板片部分熔融的产物 . 科学通报，46(8): 684~688

闫春德，俞惠隆，余芳权等 . 1996. 江汉盆地下火山岩气孔发育规律及其储集性能 . 江汉石油学院院报，18(2): 1~6

闫林 . 2007. 徐深气田兴城开发区营一段火山岩气藏岩性岩相研究 . 新疆石油天然气，3(1): 5~9

杨辉，张研，邹才能等 . 2006. 松辽盆地北部徐家围子断陷火山岩分布及天然气富集规律 . 地球物理学报，49: 1136~1143

杨立民，邹才能 . 2007. 冉启全 . 港枣园油田火山岩裂缝性储层特征及其控制因素 . 沉积与特提斯地质，27(1): 86~92

杨满平，彭彩珍，郭平等 . 2004. 流纹岩储层的孔隙结构特征研究 . 试采技术，25(1): 11~14

杨申谷 . 2004. 大洼油田中生界火山岩储集层特征 . 新疆石油地质，25(4)，382~385

杨申谷，张光明 . 2003. 大洼油田火山岩岩相分析 . 江汉石油学院学报， 25(4): 12~15

伊培荣，彭峰，韩芸 . 1998. 国外火山岩油气藏特征及其勘探方法 . 特种油气藏， 5(2): 65~72

尤绮妹，贺晓苏 . 1985. 东、西准噶尔褶皱带的断裂格局对准噶尔盆地北缘的控制作用 . 新疆石油地质，(2)

余淳梅，郑建平，唐勇等 . 2004. 准噶尔盆地五彩湾凹陷基底火山岩储集性能及影响因素 . 地球科学，中国地质大学学报， 29(3): 303~308

张朝军，何登发，吴晓智等 . 2006. 准噶尔多旋回叠合盆地的形成与演化 . 中国石油勘探， 1: 47~58

张风坪 . 1987. 国外火山岩油气藏及其储集层研究 . 全国火成岩油气藏学术讨论会论文集

张洪，罗群，于兴河 . 2002. 欧北—大湾地区火山岩储层成因机制的研究 . 地球科学（中国地质大学学报），27(6): 763~766

张良臣 . 1995. 中国新疆板块构造与动力学特征 . 见：新疆第三届天山地质矿产学术讨论会领导小组办公室新疆地质学会秘书处 . 新疆第三届天山地质矿产学术研讨会论文选辑 . 乌鲁木齐：新疆人民出版社 . 1~14

张若祥，王兴志，蓝大樵等 . 2006. 川西南地区峨眉山玄武岩储层评价 . 天然气勘探与开发， 29(1): 17~20

张新荣，王东坡 . 2001. 火山岩油气储层特征浅析 . 世界地质， 20(3): 272~277

张占文，陈振岩，蔡国刚等 . 2005. 辽河坳陷火成岩油气藏勘探 . 中国石油勘探，(4): 16~22

张子枢，吴邦辉 . 1994. 国内外火山岩油气藏研究现状及勘探技术调研 . 天然气勘探与开发， 16(1): 1~26

章增凤 . 1991. 隐爆角砾岩的特征及其形成机制 . 地质科技情报， 10(4): 1~4

赵澄林 . 1996. 火山岩的储层储集空间形成机理及含油性 . 地质论评， 42，增刊：37~41

赵海玲，狄永军，郭美娟，刘清华，赵国泉 . 2004. 辽河断陷盆地坨 32 井区中生代火山岩储层特征及成因 . 特种油气藏， 11(6): 33~37

赵海玲，刘振文，李剑等 . 2004. 火成岩油气储层的岩石学特征及研究方向 . 石油与天然气地质， 26: 609~613

赵文智，张光亚，王红军等 . 2003. 中国叠合含油气盆地石油地质基本特征与研究方法 . 石油勘

探与开发，30: 1~8

赵文智，邹才能，冯志强，胡素云等．2008. 松辽盆地深层火山岩气藏地质特征及评价技术．石油勘探与开发，35(2): 129~142

赵文智，邹才能，李建忠等．2009. 中国陆上东、西部地区火山岩成藏比较研究与意义．石油勘探与开发，36(1): 1~10

赵霞．2008. 准噶尔盆地东北缘石炭系火山岩地质特征与油气成藏条件分析．北京：中国石油勘探开发研究院，博士研究生，学位论文．

赵霞，贾承造，张光亚等．2008. 准噶尔盆地陆东—五彩湾地区石炭系中、基性火山岩地球化学及其形成环境．地学前缘，15(2): 272~279

赵越，杨振宇，马醒华．1994. 东亚大地构造发展的重要转折．地质科学，29: 105~119

朱宝清，冯益民．1994. 新疆西准噶尔板块构造及演化．新疆地质，12(2): 91~105

朱如凯，郭宏莉，何东博，罗忠．2001. 中国西北地区石炭纪岩相古地理．2001 年全国沉积学大会摘要论文集

朱如凯，毛治国，郭宏莉，王君．2010. 火山岩油气储层地质学——思考与建议．岩性油气藏，22(2): 7~13

朱永峰，王涛，徐新．2007. 新疆及邻区地质与矿产研究进展．岩石学报，23(8): 1785~1794

邹才能，张光亚，陶士振等．2010. 全球油气勘探领域地质特征、重大发现及非常规石油地质．石油勘探与开发，(2): 129~145

邹才能，赵文智，贾承造等．2008. 中国沉积盆地火山岩油气藏形成与分布．石油勘探与开发，35(3): 257~272

Abdelmalak M M, Aubourg C, Geoffroy L, *et al*. 2012. A new oil-window indicator? The magnetic assemblage of claystones from the Baffin Bay volcanic margin (Greenland). AAPG Bulletin, 96: 205~215

Bachmann O, Berganz G. 2008. Supervolcanoes: the magma reservoirs that feed supereruptions. Elements, 4: 17~21

Bacon C R, Druit T H. 1998. Compositional evolution of the zoned calc-alkaline magma chamber of Mount Mazama, Crater Lake, Oregon Contrib. Mineral Petrol, 98: 224~256

Balanyuk L Y. 2001. Relationship of oil-gas potential to volcanic belts of the island-arc type. Petroleum Geology , 20 (3): 137~141

Bashari A. 2000. Petrography and clay mineralogy of volcanoclastic sandstones in the Triassic Rewan Group, Bowen Basin, Australia. Petroleum Geoscience, 6: 151~163

Batkhishig B, Noriyoshi T, Bignall G. 2014. Magmatic-hydrothermal activity in the Shuteen Area, south Mongolia. Economic Geology, 109: 1929~1942

Berger A, Gier S, Krois P. 2009. Porosity-preserving chlorite cements in shallow-marine volcaniclastic sandstones: evidence from cretaceous sandstones of the Sawan gas field, Pakistan. AAPG Bulletin, 93: 595~615

Borgia A, Mazzoldi A, Brunori C A, et al. 2014. Volcanic spreading forcing and feedback in geothermal reservoir development, Amiata Volcano, Italia. Journal of Volcanology and Geothermal Research, 284: 16~31

Brophy J G. 1991. Composition gaps, critical crystallinity, and fractional crystalliztion in orogenic (calc-alkaline) magmatic systems, Contrib. Mineral Petrol, 109: 173~182

Buckman S, Aitchison J C. 2004. Tectonic evolution of Paleozoic terranes in west Junggar, Xinjiang, NW China. In: Malpas J, Flectcher C J N, Ali J, Aitchison J C (eds). Aspects of the Tectonic Evolution of China. London : Geol Soc Special Publication, 226. 101~129

Cai Z R, Huang Q T, Xia B, et al. 2014. Development features of volcanic rocks of the Yingcheng formation and their relationship with fault structure in the Xujiaweizi fault depression, Songliao Basin, China. Petroleum Science, 9(4): 436~443

Carroll A R, Brassell S C, Graham S A. 1992. Upper Permian lacustrine oil shales, southern Junggar Basin, northwest China. AAPG Bulletin, 76(12): 1874~1902

Chen H Q, Hu Y L, Jin J Q, et al. 2014. Fine stratigraphic division of colcanic eeservoir by uniting of well data and aeismic sata—raking colcanic reservoir of member one of yingcheng formation in xudong area of songliao basin for an example. Journal of Earth Science, 25(2): 337~347

Chen Z Y, Yah H, Li J S, et al. 1999. Relationship between tertiary volcanic rocks and hydrocarbons in the Liaohe Basin, People's Republic of China. AAPG Bulletin, 83(6): 1004~1014

Clayton J L, Yang J, King J D, *et al*. 1997. Geochemistry of oils from the Junggar Basin, northwest China. AAPG Bulletin, 81: 1926~1944

Davies G R, Macdonald R. 1987. Crustal influences in the petro-genesis of the Naivasha basalt-comendite complex: combined trace element and Sr-N d-Pb isotope constraints. Petrol, 28: 1009~1031

Dobrestsov N L, Berzin N A, Buslov M M. 1995. Opening and tectonic evolution of the Paleo-Asian. International Geology Review, 37: 335~360

Du J, Chen H, Guo P, *et al*. 2013. The simulation study of full diameter cores depletion on volcanic condensate gas reservoirs. Petroleum Science and Technology, 31(22): 2388~2395

Duncan A R, Erlank A J, Marsh J S. 1984. Regional geochemistry of the Karoo igneous province. Spec Pub Geol Soc Afr, 13: 355~388.

Einsele G. 2000. Sedimentary Basins; Evolution, Facies, and Sediment Budget. Berlin: Springer. 792

Elliott T, Plank T, Zindler A, White W, Bourdon B. 1997. Element transport from slab to volcanic front at the Mariana arc. Journal of Geophysical Research-Solid Earth, 102(B7): 14991~15019

Fan Q C, Hooper P R. 1991. The ceonozoic basaltic rocks of eastern China: petrology chemical composition. Journal of Petrology, 32(4): 765~810

Farooqui M Y, Hou H J, Li G X, *et al*. 2009. Evaluating volcanic reservoirs. Oilfield Review, 21: 36~47

Feng Y，Coleman R G，Tilton G，*et al*. 1989. Tectonic evolution of the west Junggar region，Xinjiang，China. Tectonics，8: 729~752

Feng Z Q. 2008. Volcanic rocks as prolific gas reservoir: A case study from the Qingshen gas field in the Songliao Basin, NE China. Marine and Petroleum Geology, 25(4): 416~432

Geist D, Howard K A, Larson P. 1995. The generation of oceanic rhyolites by crystal fractionation: the basalt-rhyolite association at Volcan Alcedo, Galapagos Archipelago. Petrol, 36: 965~982

Gill J. 1981. Orogenic Andesites and Plate Tectonics. Berlin, Heidelberg, New York: Springer. 1~390

Gries R R, Clayton J L, Leonard C O. 1997. Geology, thermal maturation, and source rock geochemistry in a volcanic covered basin; San Juan Sag, south-central Colorado. AAPG Bulletin,

81: 1133~1160

Grove T L, Donnelly-Nolan J M. 1986. The evolution of young silicic lavas at Medicine Lake Volcano, California: implications for the origin of compositional gaps in calc-alkaline series lavas, Contrib. Mineral Petrol, 92: 281~302

Hao F, Zhang Z H, Zou H Y, et al. 2011. Origin and mechanism of the formation of the low-oil-saturation Moxizhuang field, Junggar Basin, China: Implication for petroleum exploration in basins having complex histories. AAPG Bulletin, 95: 983~1008

Hellmann R. 1994. The albite-water system; Part I, The kinetics of dissolution as a function of pH at 100, 200, and 300 degrees C. Geochimica et Cosmochimica Acta, 58: 595~611

Hendrix M S, Brassell S C, Carroll A R, et al. 1995. Sedimentology, organic geochemistry, and petroleum potential of Jurassic Coal Measures; Tarim, Junggar, and Turpan Basins, northwest China. AAPG Bulletin, 79: 929~959

Hildreth W. 1981. Gradients in silicic magma chambers: Implications for lithospheric magmatism. Geophysical Res, 86(B11): 10153~10192

Huppert H E, Sparks R S J. 1988. The generation of granitic magmas by intrusion of basalt into continental crust. Petrol, 29: 599~624

Jiao Y Q, Yan J X, Li S T, et al. 2005. Architectural units and heterogeneity of channel reservoirs in the Karamay Formation, outcrop area of Karamay oil field, Junggar basin, northwest China. AAPG Bulletin, 89: 529~545

Jin Z J, Cao J, Hu W X, et al. 2008. Episodic petroleum fluid migration in fault zones of the northwestern Junggar Basin (northwest China): Evidence from hydrocarbon-bearing zoned calcite cement. AAPG Bulletin, 92: 1225~1243

Jolivet L, Cadet J P, Lalevee F. 1988. Meozoic evolution of northeast Asia and the collision of the Okhotsk microcontinent. Tectonophysics, 149: 89~109

Khatchikian A. 1983. Log evaluation in oil -bearing igneous rock. World oil, 197(7): 79~98

Kwon S T, Tilton G R, Coleman R G, et al. 1989. Isotopic studies bearing on the tectonics of the west Junggar region, Xinjiang, China. Tectonics, 8(4): 719~727

Lenhardt N, Götz A E. 2011. Volcanic settings and their reservoir potential: an outcrop analog study on the Miocene Tepoztlán Formation, Central Mexico. Journal of Volcanology and Geothermal Research, 204: 66~75

Li C Q, Pang Y M, Chen H L, *et al.* 2006. Gas charging history of the Yingcheng Formation igneous reservoir in the Xujiaweizi rift, Songliao Basin, China. Journal of Geochemical Exploration, 89: 2l0~213

Li J Y. 2006. Permian geodynamic setting of northeast China and adjacent regions: closure of the Paleo-Asian Ocean and subduction of the Paleo-Pacific Plate. Asian Earth Sci, 26: 207~224.

Li W, Zhang Z H, Yang Y C, *et al.* 2007 Oil source of reservoirs in the hinterland of the Junggar Basin. Petroleum Science, 4(4): 34~43

Lightfoot P C, Hawkesworth C J, Sethna S F. 1987. Petrogenesis of rhyolites and trachytes from the Deccan Trap: Sr, Nd and Pb isotope and trace element evidence, Contrib. Mineral Petrol, 95: 44~54

Luca C, Juliet B, Catherine A, *et al.* 2014. The influence of cooling, crystallisation and re-melting on the interpretation of geodetic signals in volcanic systems. Earth and Planetary Science Letters, 388: 166~174

Luo J L, Zhang C L, Qu Z. 1999. Volcanic reservoir rocks: a case study of the cretaceous fenghuadian suite, Huanghua Basin, eastern China. Petroleum Geol, 22: 397~415

Lv X X, Yang H J, Xu S L, *et al.* 2004. Petroleum accumulation associated with volcanic activity in the Tarim Basin-taking Tazhong-47 oilfield as an example. Petroleum Science, 1(3): 30~36

Magara K. 1999. Hydrocarbons in Crystalline Rocks. London: Geological Society, Special Publications, 214. 69~81

Maitre L, Bateman R W, Dudek P. 1989. A classification of igneous rocks and glossary of terms. Recommendations of the International Union of Geological Sciences Subcommission on the Systematice of Igneous Rocks. Oxford: Blackwell Scientific Publications. 700~750

Mao Z G, Zhu R K, Luo J L, *et al.* 2015. Reservoir characteristics, formation mechanisms and petroleum exploration potential of volcanic rocks in China. Petroleum Science, 12(1): 54~66

Mark E M, John G M. 1991. Volcaniclastic deposits: implications for hydrocarbon exploration. In:

Richard V, Fisher, Smith G A(eds). Sedimentation in volcanic settings. Society for Sedimentary Geology, Special Publication, 45: 20~27

Martinez P A. 1991. Exploitation of oil in a volcanic cone by horizontal drilling in the Elaine Field, south Texas. AAPG, 75(3): 630~638

Maryama S，Isozaki Y，Kimura G，*et al.* 1997. Paleogeographic maps of the Japanese Islands: plate tectonic systhesis from 750 Ma to the present. Island Arc, 6: 121~142

McGuire M D. 1989. Pleistocene Volcanic ash layers in Kern River oil field. AAPG, 73(4): 545~551

Meng Y L, Liang H W, Meng F J, *et al.* 2010. Distribution and genesis of the anomalously high porosity zones in the middle-shallow horizons of the northern Songliao Basin. Petroleum Science, 7(3): 302~310

Mitsuhata Y, Matsuo K, Minegishi M. 1999. Magnetotelluric survey for exploration of a volcanic-rock reservoirin the Yurihara oil and gas field, Japan. Geophysical Prospecing, 47(2): 195~218.

Newbery J. 1971. Some aspects of reservoirs in chalk and acid volcanic rocks. Quarterly Journal of Engineering Geology and Hydrogeology, 4: 365~368

Pan B Z, Xue L F, Huang B Z, *et al.* 2008. Evaluation of volcanic reservoirs with the "QAPM mineral model" using a genetic algorithm. Applied Geophysics, 5(1): 1~8

Pearce J A. 1982. Trace element characteristics of lavas from destructive plate boundaries. In: Thorps R S(ed) Andesites. New York: John Wiley and Sons. 525~548

Pearce J A, Cann J R. 1973. Tectonic setting of basic volcanic rocks determined using trace element analysis. Earth Planet Sci Lett , 19: 290~300

Pearce J A, Norry M J. 1979. Petrogenetic implications of Ti, Zr, Y, and Nb variations in volcanic rocks. Contributions to Mineralogy and Petrology, 69(1): 33~47

Petford N, McCaffrey K J W. 2003. Hydrocarbons in Crystalline Rocks. London: The Geological Society

Powers S. 1932. Notes on minor occurrences of oil，gas，and bitumen with igneous and metamorphic rocks. AAPG Bull, 16: 837~858

Qin L M, Zhang Z H, Wu Y Y, *et al.* 2010. Organic geochemical and fluid inclusion evidence for filling stages of natural gas and bitumen in volcanic reservoir of Changling faulted depression, southeastern Songliao Basin. Journal of Earth Science,21(3): 303~320

Rickwood P C. 1989. Boundary lines within petrological diagrams which use oxides of major and minor elements. Lithos, 22(4): 247~263

Rohrman M. 2007. Prospectivity of volcanic basins: Trap delineation and acreage de-risking. AAPG Bulletin, 91(6): 915-939

Sajona F G, Maury R C, Bellon H, *et al*. 1993. Initiation of subduction and the generation of slab melts in western and eastern Mindanao, Philippines. Geology, 21(11): 1007-1010

Sandlin G L. 1984. Oil production from Volcanic rocks of the Balcones fault region. AAPG, 68(1): 119~124

Saunders A D, Tamey J. 1984. Geochemical characteristics of basaltic volcanism within back-arc basins. In: Kokelaar B P, Howells M F(eds). Marginal basin geology. London: Geological Society, Special Publication, 16: 59~76

Saxbv J D. 1987. Effect of an igneous intrusion on oil shale at Rundle(Australia). chemical Ge

Schutter S R. 2003. Occurrences of hydrocarbons in and around igneous rocks. 214: 35~68

Seemann U, Schere M. 1984. Volcaniclastics as potential hydrocarbon reservoirs. Clay Minerals, 19(9): 457~470

Shuto-ken J I. 1987. Basic volcanic rocks of middle to late miocene ages in the Niigata oil and gas field northeast Japan. Journal of the Japanese Association of Petroleam Technology, 52(3): 253~267

Sruoga P, Rubinstein N. 2007. Processes controlling porosity and permeability in volcanic reservoirs from the Austral and Neuquén basins, Argentina. AAPG Bulletin,91(1): 115~129

Sruoga P, Rubinstein N, Hinterwimmer G. 2004. Porosity and permeability in volcanic rocks; a case study on the Serie Tobifera, South Patagonia, Argentina. Journal of Volcanology and Geothermal Research, 132: 31~43

Summer N S, Verosub K L. 1992. Diagenesis and organic maturation of sedimentary rocks under volcanic strata, Oregon. AAPG Bulletin, 76: 1190~1199

Sun S M, Wu X S, Liu H T, *et al*. 2008. Genetic models of structural traps related to normal faults in the Putaohua Oilfield, Songliao Basin. Petroleum Science, 5(4): 302~307

Sun Y H, Kang L, Bai H F, *et al*. 2012. Fault systems and their control of deep gas accumulations in Xujiaweizi Area. Acta Geologica Sinica (English Edition),86(6): 1546~1558

Sundell K A. 1983. Volcanic stratigraphy-timing and petroleum exploration in southeastern Absaroka Range, Big Horn. AAPG, 67(8): 1357~1358

Surour A A, Moufti A M B. 2013. Opaque mineralogy as a tracer of magmatic history of volcanic rocks: an example from the Neogene-Quaternary Harrat Rahat intercontinental volcanic field, north western Saudi Arabia. Acta Geologica Sinica (English Edition), 87(5): 1281~1305

Tang Z H, Parnell J, Longstaffe F J, 1997. Diagenesis and reservoir potential of Permian-Triassic fluvial/lacustrine sandstones in the southern Junggar Basin, northwestern China. AAPG Bulletin, 81: 1843~1865

Techer I, Advocat T, Lancelot J, *et al*. 2001a. Dissolution kinetics of basaltic glasses; control by solution chemistry and protective effect of the alteration film. Chemical Geology, 176: 235~263

Techer I, Lancelot J, Clauer N, *et al*. 2001b. Alteration of a basaltic glass in an argillaceous medium; the Salagou Dike of the Lodeve Permian basin (France); analogy with an underground nuclear waste repository. Geochimica et Cosmochimica Acta, 65: 1071~1086

Wilson M. 1989. Igneous Petrogenesis. London: Unwin Hyman: 1~464

Wu C Z, Gu L X, Zhang Z Z, *et al*. 2006. Formation mechanisms of hydrocarbon reservoirs associated with volcanic and subvolcanic intrusive rocks: examples in Mesozoic-Cenozoic Basins of eastern China. AAPG Bulletin, 90: 137~147

Xiang C F, Martin Danišík, Feng Z H. 2013. Genetic models of structural traps related to normal faults in the Putaohua Oilfield, Songliao Basin. Petroleum Science,10(3): 314~326

Xiao Q L, He SL, Yang Z, *et al* 2010. Petroleum secondary migration and accumulation in the central Junggar Basin, northwest China, Insights from basin modeling. AAPG Bulletin, 94: 937~955

Xie Q, He S L, Pu W F. 2010. The effects of temperature and acid number of crude oil on the wettability of acid volcanic reservoir rock from the Hailar Oilfield. Petroleum Science,7(1): 93~99

Yagi M, Ohguch T, Akiba F, *et al*. 2009. The Fukuyama volcanic rocks: Submarine composite volcano in the Late Miocene to Early Pliocene Akita-Yamagata back-arc basin, northeast Honshu, Japan. Sedimentary Geology, 220(4): 243~255

Yang R F, Wang Y C, Cao J. 2014. Cretaceous source rocks and associated oil and gas resources in the world and China. Petroleum Science, 11(3): 331~345

Yu Z C, Liu L, Qu X, et al. 2014. Melt and fluid inclusion evidence for a genetic relationship between magmatism in the Shuangliao volcanic field and inorganic CO_2 gas reservoirs in the southern Songliao Basin, China. International Geology Review,56(9): 1122~1137

Zeng H S, Li J K, Huo Q L. 2013. A review of alkane gas geochemistry in the Xujiaweizi fault-depression, Songliao Basin. Marine and Petroleum Geology, 43: 284~296

Zhang K, Marfurt K, Wan Z, et al. 2011. Seismic attribute illumination of an igneous reservoir in China. The Leading Edge, 30(3): 266~270

Zhang M, Li H B, Wang X. 2013. Geochemical characteristics and grouping of the crude oils in the Lishu fault depression, Songliao basin, NE China. Journal of Petroleum Science and Engineering,110: 32~39

Zhang Y Y, Georgia Pe-Piper, David J W Piper, et al. 2013. Early Carboniferous collision of the Kalamaili orogenic belt, north Xinjiang, and its implications: Evidence from molasse deposits. Geological Society of America Bulletin,125(5-6): 932~944

Zhou X Y, Pang X Q, Li Q M, et al. 2010. Advances and problems in hydrocarbon exploration in the Tazhong area, Tarim Basin. Petroleum Science, 7(2): 164~178

Zhu X M, Zhu S F, Xian X Z, et al. 2010. Reservoir differences and formation mechanisms in the Ke-Bai overthrust belt, northwestern margin of the Junggar Basin, China. Petroleum Science,7(1): 40~48

Zorin Y A. 1999. Geodynamics of the western part of the Mongolia-Okhotsk collisional belt，Trans-Baikal region (Russia) and Mongolia. Tectonophysics，306: 33~56

Zou C N, Guo Q L, Wang J H, et al. 2012. A fractal model for hydrocarbon resource assessment with an application to the natural gas play of volcanic reservoirs in Songliao Basin, China. Bulletin of Canadian Petroleum Geology. 60(3): 166~185